Samina Langholz und Andrea Brugi

HOLZARBEITEN

Haupt
GESTALTEN

Samina Langholz und Andrea Brugi
mit Fotos von Ditte Isager

HOLZARBEITEN

SCHLICHTE WOHNOBJEKTE VON HAND FERTIGEN

Haupt Verlag

Die englischsprachige Originalausgabe erschien 2018 unter dem Titel *Woodworking* bei Jacqui Small, einem Imprint der Quarto Publishing Group.

Konzept, Gestaltung und Produktion:
Jacqui Small, an imprint of the Quarto Group
6 Blundell Street
London N7 9BH
United Kingdom

Text © Samina Langholz und Andrea Brugi
Fotografien © Ditte Isager
Styling und Art Director: Christine Rudolph

Aus dem Englischen übersetzt von Waltraud Kuhlmann, D-Bad Münstereifel
Lektorat der deutschsprachigen Ausgabe: Uta Koßmagk, D-Wiesbaden
Umschlag und Satz der deutschsprachigen Ausgabe: Die Werkstatt Medien-Produktion GmbH, D-Göttingen

Printed in China
Um lange Transportwege zu vermeiden, hätten wir dieses Buch gerne in Europa gedruckt. Bei Lizenzausgaben wie diesem Buch entscheidet jedoch der Originalverlag über den Druckort. Der Haupt Verlag kompensiert mit einem freiwilligen Beitrag zum Klimaschutz die durch den Transport verursachten CO_2- Emissionen und verwendet nachhaltiges FSC-Papier.

Swiss Climate
CO_2neutral
Transport

Diese Publikation ist in der Deutschen Nationalbibliografie verzeichnet. Mehr Informationen dazu finden Sie unter http://dnb.dnb.de

ISBN 978-3-258-60190-8

Der Haupt Verlag wird vom Bundesamt für Kultur mit einem Strukturbeitrag für die Jahre 2016–2020 unterstützt.

www.haupt.ch

Über die Autoren
Andrea Brugi und Samina Langholz leben und arbeiten in der Toskana im Dörfchen Montemerano. Inspiriert vom rustikalen Lebensstil des ländlichen Italiens und der unverbauten Aussicht auf die Olivenhaine in ihrer Umgebung erschaffen sie wunderschöne Holzobjekte. Jedes ist handgefertigt und signiert. Ihre Arbeiten werden weltweit über Geschäfte wie Goop und Eataly vertrieben sowie über den eigenen Onlineshop andreabrugi.com.

Hinweis: Das Arbeiten mit Holz ist nicht ungefährlich, vor allem, wenn Maschinen zum Einsatz kommen. Denken Sie daran, eine Atemschutzmaske zu tragen, wenn Sie Holz abschleifen. Der Verlag lehnt jegliche Haftung für etwaige Unfälle ab.

EINLEITUNG

MIT HOLZ ARBEITEN

PROJEKTE

GEFUNDENES HOLZ

MASSIVHOLZ

WIEDERVERWENDETES HOLZ

RESTHOLZ

ANHANG

VERSCHMELZUNG ZWEIER WELTEN

„AN JEDER IDEE ARBEITEN WIR ENG ZUSAMMEN. Unser Ethos ist ganz einfach: weniger ist mehr. Jedes Projekt muss sich aus einer eigenen Dynamik heraus entwickeln. Bleiben Sie für neue Möglichkeiten offen, heißen Sie Fehler willkommen und lernen Sie von ihnen. Lassen Sie sich von schlichtem, gefundenem und leicht erhältlichem Material zu einem Entwurf oder einer Entscheidung inspirieren.“

Montemerano liegt etwa auf einer Höhe von 300 Metern über dem Meeresspiegel in der südlichen toskanischen Maremma. Das Dorf auf dem kleinen Hügel befindet sich genau mittig zwischen dem Mittelmeer und der Bergregion des Monte Amiata. An den Hängen und in den Tälern rund um die kleine Gemeinde herrscht das ideale Klima für die 400 bis 1000 Jahre alten Olivenbäume und ihre Früchte. Hier, umgeben von Natur, Handwerkern und den einfachen Dingen des Lebens, wuchs Andrea auf – unter Menschen mit einer Leidenschaft.

Heute leben wir in einem der Häuser Montemeranos aus dem 17. Jh. Es wurde 1678 erbaut, und wir haben jeden Quadratmeter mit unseren eigenen Händen renoviert – absolut nichts überließen wir dabei dem Zufall. In einem 350 Einwohner zählenden Dorf zu leben, mag langweilig und nicht sehr reizvoll erscheinen, doch Andrea inspirieren die Natur, die Gerüche, die Vergangenheit, die Geschichten. Er ist ein Produkt seines Dorfes. Er würde nicht arbeiten, wie er arbeitet, denken, wie er denkt oder sein, wer er ist, wäre er woanders geboren, sagt er.

Früher war mein Stil etwas altmodisch, ich lebte in Kopenhagen, fuhr mit dem Rad, ging gerne auf Flohmärkte, sammelte altes Zeug und liebte meine Wohnung mit den kristallenen Weingläsern, farbintensiven Ölgemälden und den vom Boden bis zur Decke drapierten Orientteppichen. Dann trafen wir uns in diesem wundervollen mittelalterlichen Dorf und dieses ehrliche, authentische Handwerk nahm langsam unser beider Leben ein. Damit verbunden sind nur gute Erinnerungen. Das Leben hier ist sehr einfach. Und so war es immer schon. Wir hoffen, dass es uns gelingt, unsere Tochter Gloria in dem gleichen Geist großzuziehen.

– Samina Langholz

UNVOLLKOMMEN IST SCHÖN

Holz spielt in unserem Leben eine ungeheuer große Rolle. Fast würde ich sagen, Holz ist unser Leben. Es ist unser ständiger Begleiter, und wir begegnen all seinen Launen und Schwierigkeiten mit Leidenschaft und Respekt.

Wir halten die Dinge gerne einfach und mögen es nicht, eine Idee zu übertreiben. Andrea wollte immer, dass unsere Arbeiten etwas sind, das jeder in seinem Haus braucht. Ein Stück, das man gerne benutzt und mit jedem Gebrauch schöner wird. Ohne Frage hat jedes fertige Teil seinen eigenen unverwechselbaren Charakter. Arbeitet man mit naturbelassenem Holz, kommt nie ein poliertes, perfektes Ergebnis heraus. Jedes Stück ist auf seine Art einzigartig. Zwei Schneidebretter der gleichen Größe und Form sind nie exakt gleich.

Solch unverwechselbare Stücke stehen im krassen Gegensatz zu dem, was moderne Technik und Massenproduktion hervorbringen, nämlich automatisch perfekte, identische Produkte. Und das betrachten wir als unser Glück. Das Immer-Mehr-an-Technik hat ein neues Bedürfnis geweckt: die Sucht nach dem Gegenteil, den starken Wunsch nach Unvollkommenem, Wärme und Menschlichem, das der modernen Wohnung den letzten persönlichen Schliff gibt.

Wir sind alle so sicher, was unseren Geschmack und unseren Wohnstil angeht. Es macht ein Produkt irgendwie weniger attraktiv und weniger repräsentativ für einen selbst, wenn jeder einfach in einen Laden gehen kann und alle exakt das gleiche Produkt kaufen können. Man könnte fast sagen, das Unvollkommene ist zum Vollkommenen geworden, und man strebt wieder nach wahrer Handwerkskunst. Unsere Arbeit fühlt sich einfach nur sehr natürlich an – wir halten uns nicht lange damit auf, über sie nachzudenken.

Von Anfang an passierte alles mehr oder weniger zufällig und es wäre schön, wenn es so weiterginge. Keiner von uns beiden hat eine Designerausbildung, und nie geht es uns darum, ein spezifisches Objekt zu kreieren. In der Regel ergeben sich unsere neuen Stücke während der Arbeit an etwas anderem. Dieser Prozess fühlt sich nie wie Arbeit an, und das ist wirklich ein Privileg.

Unsere heutige Arbeit enthält immer noch traditionelle Elemente, ist jedoch kreativer und zeitgenössischer als unsere früheren Werke. Das hatten wir uns nicht bewusst vorgenommen. Am Ende geht es immer um die Verschmelzung verschiedener Welten. Die richtige Übereinstimmung. So, als fände man seinen Seelenverwandten. Was holt das Beste aus einem heraus? Als wir uns kennenlernten, hatten wir nicht bewusst vor, ein Geschäft zu gründen. Alles begann Ostern 2005, als wir einige antike Möbelstücke für unser neues Heim gemeinsam restaurierten.

Es handelte sich um Stücke, die damals in Andreas Werkstatt herumgestanden. Als wir mit ihrer Restaurierung begannen, lernten wir einander ganz allmählich kennen. Wir sprachen nicht einmal dieselbe Sprache. Er sprach nur italienisch – so ist es noch heute – und ich versuchte verzweifelt, mein einfaches Englisch mit einem italienischen Akzent zu versehen.

Aber wir lernten, dass das, was wir zusammen tun, etwas Besonderes ist. Wie Andrea immer sagt, könnte er nicht ohne mich arbeiten und ich könnte bestimmt nicht ohne ihn arbeiten. Wir hatten keine Wahl, Andrea und ich. Es sollte so sein. Wir haben nie ein Geschäftsmodell entwickelt – wir lernen immer noch jeden Tag dazu. Nie ist es einfach und nie langweilig.

Andrea beschreibt seine Arbeit und unsere Zusammenarbeit folgendermaßen: „Ich tue einfach das, was mir das Holz vorgibt. Vielleicht hat es auch etwas mit der engen Verbindung zu meiner dänischen Frau zu tun. Auf jeden Fall hat sie einen großen Einfluss auf meine Arbeit. Ihr skandinavischer Touch und meine bodenständigen, rustikalen Wurzeln. Vielleicht ist das unser Geheimnis. In all unseren Arbeiten steckt Herzblut und alle haben eine Geschichte – es sind einfache Ideen, die wir so ehrlich und schlicht wie möglich umsetzen. Unserer Meinung nach macht das einen Teil unseres Erfolgs aus. In den ersten Jahren war unsere Arbeit festgelegter und hatte mehr Struktur. Wir sorgten uns um das, was andere dachten und wollten. Doch mit der Zeit und mit der Erfahrung sind wir an einem Punkt angelangt, an dem wir verstehen, dass jedes Stück Holz seine eigene Geschichte erzählt. Und das, was es uns erzählt, ist nie das, was es unseren Kunden erzählt – das ist wunderbar. Diese Erkenntnis ist äußerst interessant, denn sie macht uns frei in unserer Arbeit, fordert uns heraus und inspiriert uns zu neuen Designs. Früher machte uns der kleinste Riss in einem Schneidebrett Kopfzerbrechen – nicht, weil wir die Schönheit des Risses nicht erkannten, sondern weil wir uns nicht sicher waren, was unsere Kunden denken würden. Würden sie den Willen und Charakter der Natur schätzen und verstehen?

„Glücklicherweise stellen wir fest, dass die Menschen verständnisvoll sind. Sie verstehen und akzeptieren weitaus mehr von der Natur, als wir zu hoffen gewagt hatten. Es sind jene Menschen, die für das, was heute als perfekt gilt, neue Standards setzen. Die zwanzig neuen Objekte, die wir hier vorstellen, sind alle eng verwandt mit unseren früheren Designs und deren Geschichten und Techniken. Dazu zählen Eierbecher, inspiriert von unserer Hochzeit, Leitern für die Arbeit im Olivenhain und Miniaturmodelle aus Resthölzern von früheren Renovierungsprojekten. Wir hoffen, dass Ihnen dieses Buch ein guter Ideengeber ist, um selbst einzigartige, individuelle Stücke zu kreieren, die Ihre eigene Handschrift tragen und zeigen, welchen Aufwand Sie in sie gesteckt haben. Wir hoffen auch, dass es Sie bei der Arbeit mit unterschiedlichen Holzarten zu eigenen Geschichten und Ideen inspiriert. Wir sind sicher, es entstehen Objekte, die Sie viele, viele Jahre benutzen und wertschätzen werden."

KAPITEL

MIT HOLZ ARBEITEN

EINS

GESCHICHTEN, DIE DAS HOLZ ERZÄHLT

ANDREA IST DAVON ÜBERZEUGT, DASS DIE ARBEIT mit Holz Geduld erfordert – Geduld, um auf den richtigen Moment zu warten und Geduld, um das Holz, seine Tiefe und die Möglichkeiten, die in ihm stecken, zu verstehen. Versuchen Sie, die Stille des Holzes zu erfassen und anzunehmen. Den Raum und das Volumen. Ganz gleich, ob Eiche, Kastanie, Pappel oder Olive – solange es zu Ihnen spricht.

Holz ist alles. Der Duft des Holzes, die Interaktion zwischen dem Holz und unserer Arbeit, die Möglichkeit, es wiederzuverwenden und ihm ein zweites Leben zu geben, fasziniert uns. Die schönen Olivenhaine, die uns umgeben, waren – so weit Andrea zurückdenken kann – ein selbstverständlicher Teil seines Lebens. Ölbäume können 400 bis 1000 Jahre alt werden und sind insofern geschützt, als dass niemand einen Baum fällt, solange er noch trägt; nie werden Olivenbäume nur wegen des Holzes gefällt.

Toskanisches Olivenbaumholz ist zu unserem Markenzeichen geworden. Unter anderem verwenden wir es für unsere Schneidebretter, Löffel, Teller und Salzschälchen. Unser allererster gemeinsam gebauter Esstisch bestand aus einer 200 Jahre alten toskanischen Eichentür mit Originalpatina und -eisenbeschlägen. Die Beine waren aus originalen toskanischen Eichendachsparren aus einer Kirche. Die Entscheidung, das Tischgestell aus solch alten Sparren zu bauen, fiel aus dem einfachen Grund, weil Andrea sie in seinem Fundus hatte. Jede Sparre hat ihr eigenes Leben. Keine von ihnen ist gerade oder lässt sich einfach bearbeiten. Doch genau das macht ihre Schönheit aus. Verwenden Sie jede Art von Holz, das zu Ihnen spricht – Regeln gibt es nicht.

Ganz wichtig ist es uns, alte, schöne Materialien mit Geschichte ausfindig zu machen. Doch es ist nicht einfach, Sparren, Türen oder Balken in der perfekten Größe zu finden. Deshalb bauen wir unsere Tische nur dann, wenn wir auf das ideale Material stoßen und nie anders herum. Gott sei Dank stehen in Montemerano immer noch viele restaurierungsbedürftige Häuser im Originalzustand – und wir übernehmen die alten Eichen- oder Kastaniensparren und anderes, das weggeworfen würde, immer gern.

Sämtliches Altmaterial muss man nicht groß endbehandeln. So kann das Holz leben und in seinem natürlichen Tempo Patina entwickeln. Den Großteil unserer fertigen Stücke belassen wir unbehandelt, denn so können sie auf natürliche Weise altern und sich ihrer neuen Umgebung am besten anpassen. Nie entsorgen oder verbrennen wir Resthölzer. Aus ihnen lässt sich noch eine Menge kleinerer Objekte für die verschiedensten Zwecke herstellen.

Auf den nächsten Seiten stellen wir einige Hölzer vor, die in den Projekten in diesem Buch verwendet werden. Wir mögen ihre unterschiedlichen Eigenschaften und die Vorstellung, dass man mit der Schlichtheit und Eleganz der Eiche, der Ausgefallenheit der Olive, der robusten Festigkeit der Kastanie und dem modernen Flair der Pappel die unterschiedlichsten Objekte kreieren kann.

OLIVE

Olivenbaumholz ist hellbraun oder gelblich mit dunklen Adern und welligem Faserverlauf. Je älter das Holz, desto kräftiger die Farbe. Beim Arbeiten mit Olivenbaumholz kann man einen deutlich würzigen Geruch und eine feine, gleichmäßige Textur feststellen. Es lässt sich recht einfach bearbeiten, obgleich die Faser unter der Oberfläche unregelmäßig oder wild geriegelt verlaufen kann, was die Bearbeitung u. U. knifflig macht, aber auch die Schönheit dieses Holzes ausmacht.

Andrea hat einen besonderen Bezug zum Olivenbaumholz. Er wuchs in den Olivenhainen auf und kann erkennen, ob das Schnittholz aus seiner Region kommt oder woanders her. Er hat eine große Leidenschaft für das Olivenholz aus unserer unmittelbaren Umgebung, weshalb es eine seiner Lieblingsholzarten für seine Arbeiten ist.

EICHE

Es gibt mehrere Eichenarten. Wir lieben Weißeiche, die eine hell- bis mittelbraune Farbe hat. Sie ist geradfaserig und hat eine grobe, ungleichmäßige Textur. Mit der sehr leicht bearbeitbaren Weißeiche erzielt man – ob mit Handwerkzeugen oder maschinell bearbeitet – gute Ergebnisse.

Wir arbeiten gerne mit Eichenholz. Es ist ganz anders als Olive – wesentlich geradliniger in Textur und Faserverlauf. Fast könnte man sagen, man weiß, was man bekommt und zu erwarten hat – unter der Oberfläche schlummern keine großen Überraschungen. Das kann auf seine Weise durchaus interessant und mitunter sogar eine Herausforderung sein. Andrea hat sich so sehr an den Stil und die Exzentrik des Olivenholzes gewöhnt, dass wir bei der Arbeit mit Eiche das Gefühl haben, eher in die nordische, moderne Richtung (wie bei der Pappel) zu gehen.

KASTANIE

Von allen Baumarten hat Kastanienholz mit bis zu 20% den höchsten Tanningehalt. Er macht das Holz äußerst fäulnisbeständig und daher ideal für den Außeneinsatz, wie es bei unseren Bänken und Leitern der Fall ist. Kastanienbäume, vor allem im Wald wachsende, sind von geradem Wuchs und liefern ausgezeichnetes Nutzholz, das sich leicht in geradfaserige Bohlen schneiden oder spalten lässt. Kastanienholz hat eine mittelbraune Farbe, die mit der Zeit zu einem Rotbraun dunkelt.

Der Faserverlauf kann gerade, spiralförmig oder wild geriegelt sein. Kastanienholz ist grob und ungleichmäßig texturiert und lässt sich leicht mit Handwerkzeugen oder maschinell bearbeiten. Es neigt zum Reißen, weshalb man beim Einschlagen von Nägeln oder beim Schrauben sehr vorsichtig sein muss. Kastanienholz wurde traditionell im Hausbau rund um Montemerano verwendet. Da wir häufig altes Kastanienholz aus solchen Häusern für unsere Bänke, Esstische und Schneidebretter wiederverwenden, ist Andrea sehr vertraut damit.

PAPPEL

Pappelholz ist das weicheste Holz, mit dem wir arbeiten. Es ist mit seiner gelben bis weißen Farbe und den vereinzelten grauen oder grünen Streifen auch das blasseste. Wer einen modernen – oder nordischen – Look mag, trifft mit Pappelholz eine gute Wahl.

Typisch für Pappelholz sind der gerade, gleichmäßige Faserverlauf und die mäßige Texturierung. Es lässt sich in fast jeder Hinsicht leicht bearbeiten, wobei der einzige Nachteil von Pappelholz seine Weichheit ist. Aufgrund dessen ist es für den Außenbereich oder für unsere Schneidebretter nicht geeignet. Es eignet sich gut für Bänke, Beistelltische oder kleinere Dekoprojekte wie Sterne oder Häuschen. Wegen seiner geringen Dichte kann das Pappelholz vor allem beim Formen oder Schleifen faserige Oberflächen und Kanten aufweisen. Hier muss man beim Schleifen auf Schleifpapier mit feinerer Körnung zurückgreifen, um eine glatte Oberfläche zu erhalten

GESCHICHTEN, DIE DAS WERKZEUG ERZÄHLT

SOWEIT SICH ANDREA ZURÜCKERINNERN KANN, war er fünf Jahre alt, als er das erste Mal mit einem Werkzeug arbeitete. Damals half Avelino, ein Freund der Familie, den Brugis bei der jährlichen Olivenernte und baute ganz nebenbei einen neuen Sitz für das kaputte Karussell. Andrea erinnert sich noch oft daran, wie er dem alten Mann – und seinen Händen – dabei zusah, wie er ein Stück Restholz wie durch Magie in einen für den Jungen kostbaren Besitz verwandelte.

Avelino hatte irgendwo auf dem Hof ein altes, gut getrocknetes Kastanienbrett gefunden und daraus nur mit der Axt und einer groben Holzfeile den glattesten, bestproportionierten kleinen Holzsitz gebaut. Für Andrea war das wie Liebe auf den ersten Blick: etwas so Großartiges mit nur zwei Werkzeugen fertigzubringen.

Heute hat die Feile immer noch einen Ehrenplatz in seinem Herzen. Sie gehört zwar nicht zu seinen am häufigsten benutzten Werkzeugen, aber für ihn verkörpert sie Geduld und Hingabe: sich Zeit zu nehmen für das Detail, nicht hastig ans Werk zu gehen, sondern den Dingen die Zeit zu lassen, die sie brauchen.

Andrea ist davon überzeugt, dass geerbte Werkzeuge ihre eigenen Geschichten mitbringen und somit für seine Arbeit eine einzigartige Inspiration bedeuten. Zudem fasziniert ihn Holz, weil es ein sensibles und dabei beständiges Material ist, weshalb es auch heute noch mit den gleichen schönen Werkzeugen bearbeitet werden kann wie vor 200 Jahren. Er mag zum Beispiel den Gedanken, dass Handbohrer bereits in der Steinzeit benutzt wurden und versucht sich vorzustellen, wie man mit ihnen arbeitete und zu welchen Abenteuern sie führten.

Andrea hat zu fast jedem seiner Werkzeuge eine besondere Beziehung. Sie sind ihm vertraut und wichtig. Er weiß genau, woher jedes einzelne Stück stammt und kennt jede mit ihm verbundene Geschichte. So zum Beispiel, wie er als kleiner Junge zum ersten Mal einen Hammer in der Hand hielt, um seinem Vater zu helfen. Da er die Werkzeuge jeden Tag benutzt, sind sie ohne Frage ein wesentlicher Bestandteil seiner Arbeit. Es gibt sogar welche, die sich im Laufe der Jahre ständiger Benutzung an die Form seiner Hand angepasst haben. Zweifellos fände er aus einem Haufen von tausend identischen Werkzeugen jederzeit seine eigenen heraus.

Auf der nächsten Seite sind die wichtigsten Werkzeuge abgebildet, die für die Umsetzung der Projekte in diesem Buch erforderlich sind. Es sind nicht unbedingt Andreas Lieblingsstücke, doch immerhin handelt es sich um die Grundausstattung, die er jeden Tag in seiner Werkstatt benutzt und ohne die er nicht arbeiten könnte.

SCHLEIFPAPIER

Schleifpapier gibt es in den verschiedensten Körnungen. Ob Sie nun von Hand oder mit einer elektrischen Schleifmaschine schleifen, es gelten die gleichen Regeln. Zur Erzielung eines perfekten Feinschliffs, wie zum Beispiel auf der Oberfläche eines Nachttisches oder unseres Käsebrettes, verwendet Andrea Schleifpapier dreier verschiedener Körnungen. Er beginnt mit der gröbsten Körnung (80–100), arbeitet weiter mit einer feineren Körnung (120–150) und verwendet für den Feinschliff als feinste Körnung Körnung 180.

Es kommt weniger darauf an, mit welcher Art Holz man arbeitet, als vielmehr darauf, in welchem Zustand es sich befindet sowie welchen Effekt man erzielen möchte. Wir werden oft gefragt, wie unsere Olivenholzschneidebretter so glatt sein können. Und die Antwort ist: Hingabe und Zeit, Schleifpapier Körnung 180 und eine elektrische Schleifmaschine, mit der man auch die allerletzten winzigen Kratzer entfernt, die man nur dann erkennen kann, wenn man das Brett ins Licht hält und sehr genau hinsieht. Deswegen ist es auch so wichtig, nur vollkommen trockenes Holz zu verarbeiten – andernfalls ist es nicht möglich, eine absolut glatte Oberfläche zu erzielen.

HOLZLEIM

Holzleim wird in unterschiedliche Beanspruchungsgruppen unterteilt: von D1 (geeignet für den Innenbereich bei geringer Beanspruchung) bis D4 (geeignet für In- und Outdoorbereich bei jeder Witterung). Wir verwenden bei allen Projekten einen normalen D3-Holzleim.

HAMMER

Vom Metallhammer zum Einschlagen von Nägeln – der auf der gegenüberliegenden Seite abgebildete Hammer ist ein Klauenhammer, mit dessen klauenförmigen Ende man Nägel zieht – bis hin zum großen kräftigen Holzklüpfel, mit dem man ein Stecheisen treiben oder, wie auf Seite 25 beschrieben, Rinde ablösen kann, gibt es Hämmer aller Art.

LINKS (im Uhrzeigersinn von oben links) Axt, Cutter, Hammer, Feile, Stecheisen, Schraubendreher, Leimpinsel, Holzleim, verschiedene Schleifmittel, Fuchsschwanz, Bleistifte, Elektrobohrmaschine mit verschiedenen Bohreinsätzen, Schere, Meterstab, Zange.

BOHRER UND BOHREINSÄTZE

Bohrlöcher kann man mit einer elektrischen Handbohrmaschine oder, falls vorhanden, mit einer Ständerbohrmaschine bohren. Für die Projekte in diesem Buch benötigen Sie Spiralbohrer und Forstner-Bohrer. Spiralbohrer sind die üblichen Universalbohrerspitzen, die es von einem Bruchteil eines Millimeters bis hin zu mehreren Zentimetern in den verschiedensten Durchmessern gibt. Forstner-Bohrer sind mit 8–50 mm Durchmesser größer. Mit ihnen lassen sich präzise Bohrlöcher mit flachem Grund herstellen. Sie haben eine breite Schneidkante sowie eine Zentrierspitze. Für noch höhere Präzision setzt man Forstner-Bohrer möglichst auf einer Ständerbohrmaschine ein.

FUCHSSCHWANZ

Normale Handsägen wie der gegenüber abgebildete Fuchsschwanz sind in vielen unterschiedlichen Längen erhältlich. Wie Andrea sagt, kommt es einfach darauf an, welche Größe einem am praktischsten erscheint und womit man am besten zurechtkommt. Ein großes Stück Holz sägt man natürlich besser mit einer größeren Säge.

STECHEISEN

Es lohnt sich, sich eine ganze Reihe von Stecheisen anzuschaffen – vom kleineren zum Schnitzen sowie für knifflige Details bis hin zum größeren zum Entfernen größerer Holzmengen oder Anreißen der Umrisse eines Details oder kompletten Entwurfs.

ELEKTROWERKZEUGE

Bei einigen Projekten in diesem Buch kommen kleinere elektrische Handwerkzeuge zum Einsatz, so die elektrische Schleifmaschine, der Winkelschleifer und die Stichsäge. Verglichen mit größeren Maschinen sind sie nicht so kostspielig und lohnen die Anschaffung, wenn Sie die Projekte nacharbeiten wollen, da Sie mit ihnen Zeit einsparen und professionelle Ergebnisse erzielen.

In Andreas Werkstatt stehen einige größere Maschinen wie die Kreissäge, die Bandsäge und die Ständerbohrmaschine. Sollten Sie solche Maschinen nicht besitzen, empfehlen wir Ihnen, sich umzuhören, ob jemand sie hat und Ihnen in einer Projektphase weiterhelfen kann.

TECHNIKEN

ANDREA LIEBT TRADITION und ihn faszinierte immer schon sehr, wie die Hölzer alter Stücke miteinander verbunden waren. So ist beispielsweise die Überblattung, die bei unserem Tischprojekt zum Einsatz kommt, eine Technik, die es seit alters her gibt.

Alte Techniken erinnern uns an das, wofür wir stehen und warum uns das, was wir tun, mit so großer Freude erfüllt. Unsere Liebe für das Reisen und die Kunst war stets ein Ansporn, auf die Suche nach besonderen Designs und charaktervollen Vintage-Stücken zu gehen – nicht nur, um unser Haus mit ihnen auszustatten, sondern auch, um uns von ihnen zu neuen Ideen und neuen Möglichkeiten inspirieren zu lassen. Das ganze Jahr über besuchen wir die Flohmärkte in unserer Gegend und im Sommer die entfernteren. Wir finden immer etwas, was wir vorher übersehen hatten. Ganz gleich, in welchem Winkel der Erde wir uns befinden, immer wieder fallen uns plötzlich alte Techniken ins Auge, die die Handwerker schon immer anwendeten. Auf einige von ihnen, die auf den nächsten Seiten beschrieben werden, greift Andrea bei seiner Arbeit immer wieder zurück. Sie sind es wert, sicher näher mit ihnen zu beschäftigen, denn beim Nacharbeiten der Projekte aus diesem Buch kommen sie zur Anwendung.

BOHREN

Es ist gar nicht so einfach, mit einer Elektrobohrmaschine große Löcher in Holz zu bohren. Aus diesem Grund sowie aus Gründen der Genauigkeit und Präzision benutzen wir, wann immer möglich, eine Ständerbohrmaschine. Elektrische Bohrmaschinen können nur kleinere Bohreinsätze aufnehmen, die perfekt für feinere Arbeiten sind. Will man jedoch größere Forstner-Bohrer benutzen, ist die Ständerbohrmaschine die bessere Wahl. Forstner-Bohrer erfordern auch etwas mehr Leistung – und auch die liefert eine Ständerbohrmaschine eher. Ehe Sie das Loch bohren, reißen Sie auf dem Holz die Lochmitte an. Spannen Sie das Werkstück ggf. mit einer Schraubzwinge fest. So haben Sie beim Bohren mehr Gewalt über das Werkstück und es bleibt stabil. Richten Sie die Spitze Ihres Bohreinsatzes mit der Bleistiftmarkierung aus und bohren Sie mit konstantem, aber kontrolliertem Druck. Falls Sie eine elektrische Handbohrmaschine oder eine ältere Ständerbohrmaschine benutzen, messen Sie die gewünschte Bohrlochtiefe und kleben ein Stück farbiges Klebeband an der Stelle der maximalen Bohrlochtiefe um den Bohreinsatz.

HAMMER, BRECHEISEN & STECHEISEN

Hammer und Brecheisen oder Stecheisen sind sowohl für gröbere Arbeiten, wie das Abtrennen der Rinde von einem Stamm für einen Nachttisch, als auch für feinere, kniffligere Arbeiten, wie das Schnitzen eines Designs in ein Schneidebrett geeignet. Soll Rinde abgetrennt werden, muss der Stamm mindestens einen Monat unter einer Überdachung (am besten über den Sommer) trocknen und anschließend zwei Wochen drinnen lagern, damit sich das Holz akklimatisiert. Es verliert mehrere Pfunde an Gewicht und schließlich löst sich die Rinde leicht. War der Stamm bereits geschnitten und getrocknet, brauchen Sie ihn vor der Bearbeitung nur zwei Wochen nach drinnen zu bringen. Als Nächstes muss die Rinde entfernt werden. Mitunter lässt sich der Großteil der Rinde einfach von Hand abziehen. Falls nicht, arbeiten Sie zunächst mit dem Brecheisen, weil es das beste Werkzeug ist, wenn die Rinde relativ einfach abgeht. Man führt das Brecheisen zwischen Rinde und Stamm und schlägt es mit dem Hammer so tief ein, bis sich die Rinde lockert. Bleibt die Rinde aber besonders hartnäckig, versuchen Sie es in der gleichen Weise mit dem Stecheisen, es ist schärfer und durchtrennt die Fasern besser.

MACHETE MIT SÄGEZAHNUNG

Wer eine Machete besitzt, kann damit perfekt Holz schneiden und behauen. In unserer Gegend arbeitet man häufig mit Macheten, vor allem in der Landwirtschaft. Sie sind rasiermesserscharf, unglaublich vielseitig und Axt und Messer in Einem. Mit einer Machete lassen sich Äste nicht nur durchschneiden, sondern auch entrinden. Einen Ast, der mit der Machete längs durchgeschnitten werden soll, hält man wie beim Hacken von Feuerholz auf eine horizontale Fläche. Soll die Rinde von einem Ast abgetrennt werden, führt man die Machete in schwingenden Bewegungen von oben nach unten am Ast entlang. Dabei ist der gesamte Arm in Bewegung, um dem Schwung Energie und Kraft zu verleihen. Oberstes Gebot beim Abtrennen der Rinde ist, sämtliche Bewegungen vom Körper weg auszuführen. Sicherheit steht an erster Stelle!

VERDECKTE VERSCHRAUBUNG

Bei der Arbeit an einem Objekt greifen wir gerne auf die Idee der „verborgenen“ Schrauben zurück. Zum einen, damit der Schraubenkopf selbst nicht sichtbar ist und zum anderen, weil die verdeckte Verschraubung den Look und das Design des jeweiligen Werkstücks betont. Eine Lösung besteht darin, einen Holzzapfen herzustellen, der, nachdem die Schraube eingedreht ist, in das Loch einsteckt wird. Zuerst bohrt er ein Führungsloch, in das die Schraube eingedreht wird. Es ist stets tiefer als die Schraube lang ist, um Raum für den Zapfen zu lassen. Dann „bohrt“ er mit dem Zapfenschneider den Zapfen in der Größe des Loches aus einem Holzstück seiner Wahl. Wir experimentieren gerne mit Zapfen aus Kontrastholz, um Akzente zu setzen. Doch wer sowohl die Schrauben als auch die Zapfen verbergen möchte, kann sie aus einem Rest des für das Projekt verwendeten Holzes herstellen und die Maserung des eingetriebenen Zapfens so gut wie möglich an derjenigen des umgebenden Holzes ausrichten.

Diese gedübelte Bügelzapfeneckverbindung nennen wir kurz „Andreas Spezialtechnik". Wir verwenden sie am Wäschekorb. Die vier Eckverbindungen setzen sich aus je drei ineinandergreifenden Holzteilen zusammen, wobei eine Bügelzapfenverbindung (2 Teile) durch einen Dübel (3. Teil) gehalten wird. Messen Sie die Enden der beiden Holzleisten für die Bügelzapfenverbindung und teilen Sie sie in je drei gleiche Segmente ein. Pro Ecke benötigen Sie ein „männliches" Teil, von dem das erste und dritte (obere und untere) Segment mit der Säge abgesägt und mit Hammer und Stecheisen weggestemmt wurden, sowie ein „weibliches" Teil, aus dem das mittlere der drei Segmente entfernt wurde. Glätten Sie sämtliche Kanten mit Schleifpapier und schieben Sie die beiden Teile so zusammen, dass das „weibliche" Teil vertikal und das „männliche" Teil horizontal zu liegen kommen. Nachdem Sie die beiden Teile zusammengeschoben haben, bohren Sie ein 8-mm-Loch gerade durch sie hindurch. Das Ende der dritten Holzleiste wird so gesägt und geschliffen, dass in der Mitte ein 2 cm langer, absolut runder und glatter Rundzapfen verbleibt, der genau in das Bohrloch passt.

T-ÜBERBLATTUNG

Die T-Überblattung ist eine recht einfache, althergebrachte Holzverbindung. Sie ist ideal geeignet, um zwei Holzteile so miteinander zu verbinden, dass eine bündige Oberfläche entsteht. Es handelt sich um eine häufig verwendete Holzverbindung, die sich für die verschiedensten Projekte eignet. Wir wenden sie an, um die Querstreben unseres Tischgestells herzustellen. Für eine T-Überblattung wird an beiden Brettern eine Aussparung fertiggestellt. Meist haben die Teile die gleiche Materialstärke, und da von jedem Teil die halbe Materialstärke weggenommen wird, ergeben die einander überlappenden Teile zusammen wieder die ganze Materialstärke. Messen und markieren Sie die aus beiden Teilen auszuschneidenden halben Materialstärken mit dem Geodreieck. Sägen Sie entlang der Brüstungslinien mit der Säge und beseitigen Sie den Ausschnitt mit Hammer und Stecheisen. Bringen Sie Leim auf die Verbindungsflächen auf und stecken Sie die Bretter wie ein Puzzle zusammen. In der Regel ist nur eine geringe Menge Leim erforderlich.

KAPITEL

PROJEKTE

ZWEI

Meter ±0,01
Bultafors Sweden
BLACKWING 602

GEFUNDENES HOLZ 01

Wenn die Schönheit und die einzigartigen Eigenschaften der Natur für Sie eine Inspirationsquelle sind und Sie in einem Stück Treibholz oder einem Ast etwas sehen, warum sollten Sie es nicht annehmen? Fundhölzer sind all jene Stücke, die Sie auf Ihren Reisen entdecken und mitnehmen: In diesem Kapitel verarbeiten wir auch häufig Treibholz. Das Holz für die Garderobe fanden wir in einem Fluss in unserer Nähe und die Stücke für den gigantischen „Schlüsselring" sind Strandgut von unseren Lieblingsstränden. Andrea, Gloria und ich können nirgends hingehen, ohne mit einer Menge Naturmaterial nach Hause zu kommen. Bei uns artet ein sonntäglicher Strandausflug immer in eine Schatzsuche aus. Legen Sie das Treibholz einige Tage zum Trocknen in die Sonne, ehe Sie es ins Haus holen. Ist es leichter und fast weiß geworden, können Sie es bearbeiten. Während des Trocknens fallen draußen auch der Sand und kleinere Steine von Ihren Funden ab. Selbst wenn Sie ein absolut trockenes Stück finden, sollten Sie es mit dem Staubsauger oder einer Bürste säubern, denn im Inneren solcher Stücke sind häufig größere Sandmengen versteckt.

Was die etwas dickeren Äste für den Eierbecher, die Leiter und den Reisigbesen angeht, sehen Sie sich am besten in Ihrer Umgebung um – vielleicht haben Sie das Glück, in der Nähe eines Waldes oder Parks zu wohnen. Wenn Sie im Winter Äste sammeln und sie in Ihrer Werkstatt oder unter einer Überdachung trocknen lassen, können Sie sie im Laufe des Sommers verarbeiten. Und wenn Sie sie sammeln, wenn es warm und trocken ist, können Sie gleich loslegen.

EIERBECHER

WERKZEUG UND MATERIAL

- elektrische Handbohrmaschine mit 50-mm-Forstner-Bohrer (falls vorhanden, wäre eine Ständerbohrmaschine ideal)
- weißer Bleistift
- farbiges Klebeband
- Fuchsschwanz

Außerdem:
- Schleifpapier, Körnung 150

HOLZ

- Schneiden Sie Astmaterial mit einem Durchmesser von etwa 6 cm zu. Es muss absolut trocken sein, ehe Sie es verarbeiten. Wir haben Olivenbaumäste verwendet, ebenso geeignet sind Eiche, Ulme oder jedes andere ähnliche Rundholz.

AN DIESEN KLEINEN RUSTIKALEN Eierbechern belassen wir die Rinde, um unserem Frühstückstisch eine natürliche und individuelle Note zu verleihen. Dazu inspiriert haben uns unsere handgeschnitzten Salzschälchen. Die wiederum entstanden, als Andrea vor unserer Hochzeit die Olivenbäume schnitt und wir auf die Idee kamen, aus den trockenen Ästen die Salzschälchen für die zweiundzwanzig Tische der im Olivenhain hergerichteten Festtafel zu fertigen.

Sollen die Eierbecher viele Jahre ihren Dienst leisten, legen Sie das Schnittholz auf einen Rost und lassen es langsam (nicht in der Sonne) mindestens sechs Monate trocknen. So kann es sich akklimatisieren und es ist wesentlich leichter zu bearbeiten. Wir mögen es, wenn die Form des Rundholzes noch zu erkennen ist. Deshalb schleifen wir sie nur ein wenig ab.

SCHRITT 01

Suchen Sie sich einen geraden Ast aus, denn das macht es einfacher, ein glattes, sauberes Loch zu bohren. Überlegen Sie, ob der Eierbecher an der Seite einen kleinen „Henkel" haben soll. Sägen Sie aus dem dekorativsten Bereich des Astes ein 4 – 5 cm langes Stück. Die Eierbecher müssen nicht alle genau die gleiche Höhe haben. Betrachten Sie das Holz und lassen Sie sich von Ihrem Gefühl leiten.

SCHRITT 02

Reißen Sie auf einer Stirnseite des Astes mit dem Bleistift die Mitte an. Richten Sie die Zentrierspitze über der Bleistiftmarkierung aus und bohren Sie ein etwa 1,5 cm tiefes Loch in den Eierbecher. Als Hilfe können Sie in Höhe der maximalen Bohrlochtiefe bei 1,5 cm ein farbiges Klebeband um den Bohreinsatz kleben.

SCHRITT 03

„Versäubern" und polieren Sie rohe Kanten und stellen Sie sicher, dass die Unterseite glatt und eben ist, damit der Eierbecher auf dem Tisch nicht kippelt.

Irgendwann wird die Rinde trocknen und sich vom Becher lösen. Aber auch rindenlos finden wir die Eierbecher schön – oder Sie gehen immer wieder aufs Neue auf die Suche nach Ästen für neue Eierbecher, wenn Sie solche mit Rinde bevorzugen.

Unsere Werkstatt befindet sich auf dem Hof meiner Schwiegereltern. Dort verbringen wir auch die meiste Zeit. Meine Schwiegermutter hat einen wunderschönen Kräutergarten, in dem wir uns in hohem Maße wie in einem Lebensmittelladen bedienen. Zudem hält sie – was noch wichtiger ist – eine kleine Hühnerschar, die uns jeden Morgen mit Eiern versorgt. Ich weiß nicht, ob es die Qualität der Eier ist oder vielleicht die Kombination aus Ei und Eierbecher, aber das Frühstück ist eine unserer Lieblingsmahlzeiten.

GARDEROBE

WERKZEUG UND MATERIAL

- 2 Lederstreifen, etwa 3 cm breit und 5 m lang (die Länge hängt von der Deckenhöhe ab). Da Naturleder schwer zu schneiden ist, haben wir uns von unserem hiesigen Lederhändler helfen lassen.
- Hammer
- Schleifpapier, Körnung 150
- Lederzange
- 4 Kupfer- oder Messingnieten, Ø 1 cm
- Fuchsschwanz

Außerdem:
- 2 starke Schrauben (zum Befestigen der Garderobe an der Decke)
- Meterstab
- elektrische Handbohrmaschine

HOLZ

- Treibholzast, etwa 140 cm lang. Die Stärke des Astes hängt davon ab, wie viele Kleiderbügel Sie an die Stange hängen wollen.

VOR KURZEM HABEN WIR in unserem Dorf ein weiteres Haus aus dem 17. Jh. instand gesetzt. Für das Schlafzimmer sollte Andrea eine Einbaugarderobe entwerfen. Schließlich wurde das Schlafzimmer – nun ja, das ganze Haus – so fantastisch, dass wir es nicht übers Herz brachten, die schönen alten Mauern zu verstecken.

Deshalb kamen wir darauf, aus zwei Lederstreifen und einem Treibholzast eine elegante Kleiderstange der ganz anderen Art zu kreieren. Wir lieben Naturleder – es ist wie Holz, denn es bekommt mit der Zeit Patina und wirkt dadurch nur noch interessanter.

SCHRITT 01

Suchen Sie am nächstgelegenen Strand einen Treibholzast und lassen Sie ihn in der Sonne trocknen.

SCHRITT 02

Versäubern und polieren Sie rohe Kanten mit Schleifpapier. Führen Sie das Schleifmittel immer wieder hin und her über den Ast, bis keine Splitter oder Aststellen mehr spürbar sind.

SCHRITT 03

Kürzen Sie die Stange mit der Säge auf die gewünschte Länge ein. Sie sollte 150 cm nicht überschreiten, damit sie noch stabil genug ist.

„EIN STRANDSPAZIERGANG ODER PICKNICK AM FLUSS KANN IMMER DER AUSLÖSER FÜR EIN VÖLLIG NEUES STÜCK IN UNSERER KOLLEKTION SEIN."

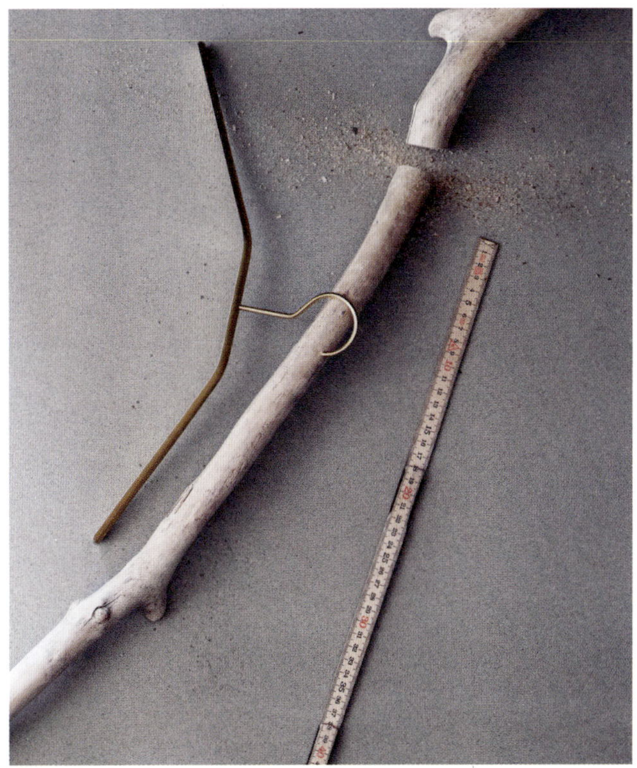

SCHRITT 04

Falten Sie ein Ende eines Lederstreifens wie abgebildet zu einer Schlaufe, durch die später die Kleiderstange geschoben wird. Stanzen Sie mit der Lederzange in der Mitte des Lederstreifens durch das dreifach liegende Leder zwei Löcher. Vielleicht macht das auch Ihr Lederhändler für Sie. Schlagen Sie mit dem Hammer zwei Kupfer- oder Messingnieten ein.

SCHRITT 05

Wiederholen Sie den Vorgang mit dem anderen Lederstreifen und schieben Sie die beiden Lederschlaufen über die Stangenenden.

SCHRITT 06

Messen Sie das genaue Innenmaß zwischen den beiden Lederstreifen und reißen Sie dort, wo die Streifen an der Decke befestigt werden sollen, zwei Punkte an. Bohren Sie für die Schrauben Löcher in die Decke und befestigen Sie die Streifen an der Decke.

Im Grunde kann die Stange an Materialien aller Art befestigt werden, ob an einem Seil, an dicker Schnur, grobem Stoff oder einem abgelegten dünnen Seidenschal. Sie kann als Kleiderstange an einer Wand hängen und macht sich auch als Raumteiler gut. Sie können im Schlafzimmer Ihre Kleidung daran aufhängen, aber genauso gut über der Spüle Töpfe und Pfannen daran drapieren, wenn Sie die Kleiderbügel gegen ein paar schöne alte Fleischerhaken austauschen.

Unser nächstes Projekt ist vielleicht eine kreative Pinnwand für Glorias Zimmer – mit neonfarbenen Pinnwandnadeln, mit denen sie ihre Zeichnungen an einen Treibholzast pinnen kann. Ganz gleich, wofür Sie sich entscheiden, konzentrieren Sie sich immer darauf, ein ganz besonderes Stück Treibholz zu finden. Vergessen Sie nicht seine Geschichte und auch nicht, warum Sie sich in das Teil verliebt haben.

RIESEN-„SCHLÜSSELBUND“

WERKZEUG UND MATERIAL

- elektrische Handbohrmaschine mit verschiedenen Bohreinsätzen von 2–5 cm (wir haben abhängig von der Form der Treibhölzer mit Forstner-Bohrern unterschiedlich große Löcher gebohrt). Falls vorhanden, wäre eine Ständerbohrmaschine ideal.
- Bürsten: Drahtbürste und mittelweiche Naturborstenbürste
- Schleifpapier, Körnung 150
- großer Messingring und kleine Messingschrauben mit Mutter (wir haben bei unserem Schmied einen 5 mm starken Ring von 80 cm Durchmesser in Auftrag gegeben. Er hat uns auch zwei kleine Löcher in den Ring gebohrt, damit er mit einer kleinen Messingschraube leicht zu schließen ist).

HOLZ

- diverse Treibholzstücke. Lassen Sie Ihrer Fantasie freien Lauf. Suchen Sie Ihre liebsten Stücke aus, die Sie vielleicht auf Ihren Reisen an den schönsten Stränden der Welt gesammelt haben.

WIR SAMMELN GERNE KRUMMES und ungewöhnlich geformtes Treibholz am Strand oder am Fluss. Das eine Stück erinnert vielleicht an ein hungriges Vogelküken, das nach seiner Mutter schreit, das andere vielleicht an einen traurigen, schlafenden Bären. Gloria hat die wildesten Vorstellungen und dem, was sie in ein altes Stöckchen oder Treibholz hineininterpretieren kann, setzt sie praktisch keine Grenzen.

Von Zeit zu Zeit räumt Andrea gerne unsere Werkstatt um und fragt mich am Ende immer, ob wir dieses oder jenes verbrennen sollen oder ob ich aus unserer gigantischen Schätzesammlung etwas Sinnvolles machen wolle. Also gingen wir hin und bohrten Löcher in die Treibholzstücke und fädelten sie auf einen schlichten Messingring.

SCHRITT 01

Stöbern Sie in Ihrer Treibholzsammlung nach den besten Stücken, d. h. nach denen, die Ihnen am meisten bedeuten. Haben Sie sie erst vor Kurzem gefunden, lassen Sie sie in der Sonne trocknen. Sind sie vollkommen trocken, reinigen Sie sie zunächst mit einer Drahtbürste und entfernen anschließend den Staub mit einer weichen Bürste. Legen Sie alle Fundstücke auf den Boden und klügeln Sie aus, in welcher Reihenfolge sie nach Größe und Form am besten angeordnet sind. Lebendiger wirkt das Ganze, wenn Sie große, kleine, dicke und dünne Teile mischen. Achten Sie auch auf die Farben: Treibholz hat derart viele schöne Schattierungen, dass man durch Abwechslung Kontrast in das Kunstwerk bringen kann.

SCHRITT 02

Bohren Sie in jedes Stück ein Loch. Achten Sie darauf, dass das Holz auf einer stabilen, aber weichen Unterlage liegt, damit es nicht bricht. Die Kanten der Bohrlöcher können Sie mit Schleifpapier Körnung 150 vorsichtig glätten.

SCHRITT 03

Fädeln Sie die Teile auf den Messingring und schließen Sie die offenen Enden des Rings mit einer Messingschraube und Mutter.

Ich habe immer schon gerne Gesammeltes auf Ringe gefädelt oder mit Draht gebündelt. So mache ich es auch mit meinen leuchtend bunten Klebebandrollen oder sogar mit meinen Holzsternen, wenn ich nicht weiß, wo ich sie hinstellen soll. Das ist praktisch und ich finde auch, dass jede Sammlung kleinerer Gegenstände auf diese Weise viel interessanter und hübscher anzusehen ist, als Teile, die auf einem Haufen liegen.

Sie können diesen Schlüsselring natürlich auch lediglich als eine Ausstellung von Erinnerungsstücken betrachten, mit der wir unsere Wand dekorieren – jedenfalls ist er zu einem unserer Lieblingsstücke geworden. Ich persönlich kann gar nicht bis Weihnachten warten, wenn ich im Dezember im Wald einen übergroßen Ast mit dicken Zapfen finde: wieder ein neues Fundstück.

REISIGBESEN

WERKZEUG UND MATERIAL

- Draht
- Haltevorrichtung (wir haben einen alten Schemel verwendet)
- Gartenschere
- Axt oder Machete
- Zange

HOLZ

- Wir verwendeten Zweige von Erica scoparia, den in der Toskana sehr verbreiteten Besenheide-Sträuchern. Ebenso eignen sich Reisig von Birke oder Sorghumhirse.
- rustikaler Ast für den Stiel, etwa 180 cm lang

DER STRASSENKEHRER VON MONTEMERANO nutzt seinen Reisigbesen jeden Tag. Genauso Licia, meine Schwiegermutter, und auch wir haben einen kleinen bei uns zu Hause neben dem Kamin. Das ist eine alte Tradition. Andreas Vater bindet die Reisigbesen, wenn im April die Birken blühen.

Es ist nicht so einfach, das ideale Birkenreisig für traditionelle Reisigbesen zu finden. Deshalb verhalten sich Leute, die Birkenreiser suchen, genau so wie Leute, die auf Pilz- oder Trüffelsuche gehen – die Fundstellen im Wald behalten sie für sich. Man braucht nur ein Reisigbündel zusammenzubinden, und schon hat man einen tollen, funktionalen Besen, den man sogar mit einem Stiel versehen kann.

SCHRITT 01

Sammeln Sie den Reisig in Ihrer Umgebung (gehen Sie nie ohne Gartenschere in die Natur hinaus). Am besten formen Sie den Besen mithilfe einer Haltevorrichtung. Legen Sie die längeren Reisigstücke zuunterst hinein und schichten Sie darauf immer kürzere.

SCHRITT 02

Pressen Sie das Bündel so straff wie möglich zusammen und umwickeln Sie es an drei Stellen mit Draht. Verdrehen Sie den Draht, mit dem das Reisigbündel zusammengebunden wurde, mit der Zange. Schneiden Sie überstehenden Draht ab. Schieben Sie die verdrehten Drahtenden zur Sicherheit ins Innere des Reisigbündels.

SCHRITT 03

Spitzen Sie das Ende des Besenstiels, das in das Reisigbündel eingetrieben wird, mit der Axt oder Machete an. Die unteren 33 cm des Stiels verschwinden im Reisig. Stechen Sie die Spitze des Stiels in die Reisigschäfte hinein. Stoßen Sie den Stiel kräftig auf den Boden, damit er sich tief in das Reisigbündel hineinrammt.

Ich weiß nicht, wie viele Reisigbesen unser Straßenkehrer pro Jahr verbraucht. Unserer hat jedenfalls schon seit mehreren Jahren seinen Platz neben dem kleinen Kehrblech. Er wird Jahr für Jahr kompakter und dichter und kehrt immer noch gut. Natürlich stellt man einen Besen zu Hause nicht unbedingt zur Schau, doch diese hier sind zu schön, um in einem Wandschrank weggeschlossen zu werden.

LEITER

WERKZEUG UND MATERIAL

- Stichsäge
- elektrische Handbohrmaschine mit 35-mm-Bohreinsatz (für die Sprossen) und 5-mm-Bohreinsatz (für den Draht)
- Machete
- Draht
- Axt

Außerdem:
- Hammer, 25 cm

HOLZ

- Sie benötigen 2–3 Äste für eine Leiter. Kastanienbäume haben schnellwachsende, gerade, schlanke Äste, die von der Baumwurzel aus wachsen. In unserer Gegend werden daraus Zäune, Pferdegatter und Leitern gebaut.

OLIVEN ERNTET MAN gegen Ende Oktober von Hand, lange bevor die Früchte die nötige Reife haben, um vom Baum zu fallen. Gerade das macht es aus, dass unser kaltgepresstes natives Olivenöl Extra zu einer unvergesslichen Erfahrung wird, die Bilder von frisch geschnittenem Gras und Rispen grüner Tomaten heraufbeschwört.

Aufgrund der Handpflückung hält man die Bäume relativ klein, und hier kommt diese sehr einfache, traditionelle Leiter aus dicken Kastanienästen ins Spiel. Das Holz kann saftfrisch verarbeitet werden und ist dann grün, doch lässt man es bei Sonne und Regen draußen, bekommt es nach kurzer Zeit eine wunderschöne Patina.

SCHRITT 01

Suchen Sie einen dicken Ast für die Sprossen aus. Jede Sprosse sollte etwa 3–3,5 cm Durchmesser haben. Je nach seiner Dicke können Sie den Ast mit der Machete oder der Axt (wie einen Kuchen) in 4 oder 8 Stücke teilen. Schleifen Sie die Sprossen grob ab, damit ihre Enden in die Bohrlöcher passen.

SCHRITT 02

Die Leiter kann eine Länge von 160–300 cm haben. Wenn Sie wissen, wie lang sie werden soll, sägen Sie einen Ast mit der Stichsäge entsprechend ab und messen und markieren darauf die Positionen der Löcher für die Sprossen. Wir ordnen sie in der Regel mit einem Sprossenabstand von 25 cm an. Bohren Sie 3–3,5 cm große Löcher.

SCHRITT 03

Sie können die Rinde am Holz belassen oder sie – stets vom Körper weg arbeitend – mit der Machete abtrennen. Bleibt die Rinde am Holz, trocknet sie und fällt mit der Zeit ab.

SCHRITT 04

Klopfen Sie die Sprossen mit dem Hammer oder der Machete in die Löcher.

SCHRITT 05

Zurren Sie die Konstruktion mit Eisendraht fest. Bohren Sie dazu jeweils unterhalb der obersten und untersten Sprosse rechts und links zwei kleine 5-mm-Löcher seitlich in die Leiter. Fädeln Sie den Draht doppelt durch die Löcher und spannen Sie ihn durch Drehen mithilfe eines Holzstöckchens. Diese Vorgehensweise ist sehr hilfreich, da die Konstruktion mit der Zeit trocknet und schwindet und nachgespannt werden muss. Aus diesem Grund verwenden wir auch keinen Leim.

Als Andrea noch ein kleiner Junge war, kamen Onkel und Freunde von außerhalb Montemeranos, um bei der Olivenernte zu helfen. In einem kleinen Dorf wie dem unseren sind dann alle mehr oder weniger gleichzeitig in der Ernte. Auch heute noch pflücken wir von Hand, benutzen aber nun seltsame moderne Geräte, um uns die Arbeit etwas zu erleichtern. Die Arbeit ist hart, doch die Ergebnisse sind überragend. Und Leitern dieser Art wird man in den Olivenhainen immer finden. Sie werden nicht weggenommen und stehen geduldig wartend auf die Ernte im nächsten Jahr in den Bäumen.

„ALTE HANDWERKSTRADITIONEN, MODERNER KOMFORT UND LOKALE MATERIALIEN WANN IMMER MÖGLICH – DAS IST UNSER BESTREBEN."

MASSIVHOLZ 02

Der größte Vorteil von Massivholz ist wahrscheinlich seine Homogenität. Dadurch ist es möglich, eine exakte, gleichbleibende Dicke für ein Werkstück zu wählen und etwas Schlichtes daraus zu schaffen. Bei den Objekten, die wir in diesem Kapitel vorstellen, war uns das saubere und klare Stilkonzept sehr wichtig. Wer naturnah wohnt, findet vielleicht ein schönes Stück Eiche, Kastanie oder Pappel, das er mit nach Hause nehmen kann. Andernfalls gehen Sie ins nächste Sägewerk – dort gibt es ganz bestimmt etwas Brauchbares.

Der Vorteil eines Sägewerkbesuchs gegenüber dem Holzkauf im Baumarkt oder Gartencenter ist, – abgesehen davon, dass man herumgehen und in einer dunklen, staubigen Ecke etwas Besonderes finden kann – dass die Mitarbeiter das Holz, wenn man es in einer bestimmten Größe braucht und keine große Säge zu Hause hat, gerne zuschneiden. Sie wissen auch, wie trocken es ist und können sagen, wann man es verarbeiten kann. Wer das Glück hat, im Wald einen größeren Stumpf zu finden, lässt ihn draußen einige Monate etwas trocknen und lagert ihn anschließend noch einige Wochen drinnen.

Selbst nach Jahren ist ein solches Stück nie bis ins Innere des Kerns vollkommen trocken, doch Sie können Rinde und Oberflächen bearbeiten, und das genügt. Wurde Ihr Stumpf in einem Sägewerk geschnitten und getrocknet, lagern Sie ihn vor der Bearbeitung einfach einige Wochen drinnen, so hat er Zeit, sich zu akklimatisieren.

TÜRKEIL

WERKZEUG UND MATERIAL

- elektrischer Exzenterschleifer mit Schleifpapier, Körnung 100
- elektrische Handbohrmaschine mit 15 cm langem 10-20-mm-Spiralbohrer (abhängig von der Breite des Lederbandes)
- kleine Bandsäge
- Lederstreifen, etwa 1–2 cm breit und 70 cm lang (abhängig von der Größe des Keils)
- Schraubzwinge

Außerdem:
- Bleistift
- Schleifpapier, Körnung 150

HOLZ

- massives Pappel-, Oliven- oder Eichenholz, aus dem sich ein 25 × 10 × 8 cm großes Stück schneiden lässt. Ergibt zwei Türkeile.

WIR HABEN ES HIER MIT EINEM VON VIELEN GUTEN BEISPIELEN ZU TUN, an denen man zeigen kann, dass Holz sein eigener Designer ist. Kürzlich arbeitete Andrea an einem speziellen Auftrag eines Kunden aus Paris. Während des Fertigungsprozesses musste er zahlreiche Ecken von dem Werkstück abschneiden – und so entstand der Türkeil, ein überaus dekorativer und dennoch funktionaler Alltagsgegenstand für jeden Haushalt.

Inzwischen hat der Türstopper ein neues Design bekommen und fand Eingang in unsere Kollektion. Wir werden ihn ganz bestimmt auch aus anderen Holzarten herstellen, doch im Augenblick sind wir sehr angetan von der Kombination aus blassem Pappelholz und Leder. Ich finde, darin erkennt man unseren nordischen Einschlag.

SCHRITT 01

Zeichnen Sie mit dem Bleistift eine 25 × 10 × 8 cm große Kontur auf das Holz. Ziehen Sie von ihrer linken oberen Ecke eine Linie zu ihrer rechten unteren Ecke. Schneiden Sie die Form auf der Bandsäge zu und durchtrennen Sie sie entlang der diagonalen Linie – schon haben Sie zwei Keile.

SCHRITT 02

Schleifen Sie den Keil mit dem elektrischen Schleifer zunächst mit Schleifpapier Körnung 100. Für den Feinschliff verwenden Sie Schleifpapier Körnung 150, um schöne scharfe, saubere Kanten zu erhalten.

SCHRITT 03

Spannen Sie das Holz mit der Schraubzwinge fest und bohren Sie an einer Stelle Ihrer Wahl mit dem langen Bohreinsatz ein Loch in den Keil. Fädeln Sie das Lederband durch das Bohrloch und verknoten Sie es. Aber auch ohne Lederband leistet der Stopper gute Dienste.

Eigentlich haben wir gar nicht so viele Türen in unserem Haus, für die Türstopper nötig wären. Wir finden sie aber so toll, weil sie so simpel sind und gut aussehen, dass wir ein paar davon an die Wand gehängt haben, wo sie für sich sprechen. Sie sind der Hit – nicht nur bei unseren Kunden, auch bei unseren Gästen.

NACHTTISCH

WERKZEUG UND MATERIAL

- Stecheisen
- elektrischer Exzenterschleifer mit Schleifpapier, Körnung 100
- Hammer (Klüpfel)

Außerdem:
- Schleifpapier, Körnung 150

HOLZ

- massives Oliven- oder Eichenholz in Würfelform oder als Stammware. Schauen Sie, was in Ihrem Sägewerk in den Ecken liegt. Bitten Sie die Mitarbeiter, Ihnen das Holz nach Ihrem Wunsch zuzuschneiden – wir haben die Nachttische gerne um die 45 cm hoch, doch entscheiden Sie selbst. Je älter (trockener) der Stamm ist, desto leichter lässt er sich schleifen.

MIT LEBENDEM HOLZ ZU ARBEITEN, macht uns die größte Freude. Jedes Stück Holz ist einzigartig und inspiriert uns zu neuen Ideen. Aus einem Baumstamm einen Beistelltisch zu machen, ist ein gutes Beispiel. Die Mischung aus organisch-natürlichen Formen und polierter Oberfläche verleiht Ihrem Heim eine interessante und moderne Atmosphäre.

Aufgrund seiner Größe wird der Stamm nie vollkommen trocken sein. Selbst wenn der Tisch fertig bearbeitet ist und Sie ihn benutzen, befindet er sich immer in einem Trocknungsprozess. Mit der Zeit zieht sich der Stamm zusammen und erhält kleinere, natürliche Risse. Auf diese Weise entwickelt er sich allmählich zu dem Möbelstück Ihrer Träume.

SCHRITT 01

Klopfen Sie mit Hammer und Stecheisen die Rinde vom Stamm.

SCHRITT 02

Schleifen Sie die Ober- und Unterseite des Stamms mit dem Exzenterschleifer mit Schleifpapier Körnung 100 glatt.

SCHRITT 03

Glätten Sie feine Risse an der Kante des Stamms mit Schleifpapier Körnung 150.

Manche Idee ist so offensichtlich, dass man sich fast schämt, sie als Idee zu bezeichnen – und dennoch können wir uns einen vollendeteren Tisch für unser Schlafzimmer kaum vorstellen. Dabei kann er die unterschiedlichsten Zwecke erfüllen, ob als Beistelltisch in einem anderen Raum oder gar als Hocker. Im Rahmen eines Interior-Design-Projekts sollte Andrea vor einigen Jahren zu einem modernen runden Esstisch aus Stahl und Marmor vier Sitzgelegenheiten bauen und kreierte diese Hocker. Die Stücke sind recht schwer und nicht wirklich dafür gedacht, hin und her bewegt zu werden, doch der sich ergebende Kontrast aus Traditionellem und Modernem war einfach super.

„JE HÄUFIGER MAN SEINE SELBSTGEBAUTEN STÜCKE BENUTZT, DESTO SCHÖNER WERDEN SIE – EIN ANGENEHMER GEDANKE."

KÄSEBRETT

WERKZEUG UND MATERIAL

- kleine Stichsäge
- starkes Seil, etwa 2 cm dick
- Holzleim
- Schleifpapier, Körnung 150
- elektrischer Exzenterschleifer mit Schleifpapier, Körnung 80 und 150
- kleine Bandsäge

Außerdem:

- Meterstab
- Bleistift
- Pinsel (für den Leim)

HOLZ

- 5–8 cm dicke Scheibe von einem massiven Oliven- oder Eichenholzstamm sowie kleinere Reststücke jedweder Holzart für den Griff. Schauen Sie sich in Ihrem Sägewerk um. Vielleicht haben Sie das Glück und finden einige Endstücke von einem großen Baumstumpf oder bitten Sie die Mitarbeiter, Ihnen eine schöne dicke Scheibe abzuschneiden. Wer eine eigene Bandsäge hat, kann sich die Scheibe selbst schneiden.

DIESES BRETT IST EIN IDEALES BEISPIEL für die Schlichtheit und Schönheit der Natur sowie dafür, wie Natur eine Wohnung bereichern kann: Eine dekorative Baumscheibe ist ein wunderbarer Präsentierteller für Käse – oder jedes andere Lebensmittel, das Sie stilvoll auf dem Tisch in Szene setzen wollen.

Bei dieser Stammstärke verwendet Andrea am liebsten Holz, das mindestens drei Jahre gelagert wurde. Beim Abwasch und im Kontakt mit den Lebensmitteln unterliegt es häufig Temperaturschwankungen und wenn es nicht trocken genug ist, wird es sich dehnen und reißen. Hier gilt also: je trockener, desto besser.

SCHRITT 01

Schleifen Sie die Ober- und die Unterseite der Scheibe mit dem Exzenterschleifer mit Schleifpapier Körnung 80 glatt. Entfernen Sie anschließend kleinere Risse an der Kante mit Schleifpapier Körnung 150.

SCHRITT 02

Soll das Brett mit einem Griff versehen werden oder hat die Scheibe einen Riss, zeichnen Sie mithilfe von Meterstab und Bleistift einen Keil auf die Scheibe und schneiden diesen Teil mit der Stichsäge aus.

SCHRITT 03

Schneiden Sie aus einem Restholz genau in dieser Größe – etwa 16 × 4 cm – ein Stück Holz zu.

SCHRITT 04

Leimen Sie den Keil mit Holzleim ein und spannen Sie ihn mit einer Schnur fest, bis der Leim abgebunden hat. Schleifen Sie die Übergänge zwischen Keil und Brett auf der Ober- und der Unterseite mit dem Exzenterschleifer und Schleifpapier Körnung 150 glatt. Es liegt ganz bei Ihnen, ob Sie den Kontrast mögen – die Kanten der Käseplatte wurden rau und natürlich belassen, aber Form und Stil des Griffs können moderner nicht sein.

In einer Welt, in der jeder auf Umweltfreundlichkeit und Nachhaltigkeit achtet und der Trend auch ein wenig zurück zu den Wurzeln geht, ist ein rustikales, nahezu naives Stück wie dieses, als würde sich der Kreis schließen – man nimmt es gerne in seinem modernen Ambiente auf.

STIFTEHALTER

WERKZEUG UND MATERIAL

- elektrische Handbohrmaschine mit unterschiedlich großen Forstner-Bohrern. Falls vorhanden, wäre eine Ständerbohrmaschine ideal.
- Schleifpapier, Körnung 80 und 120
- Kreisschablone
- Bandsäge

Außerdem:
- Bleistift

HOLZ

- massive Pappel-, Oliven- oder Eichenholzstücke, etwa 28 × 8 × 9 cm groß. Die Tiefe der Löcher des Stiftehalters ist abhängig von der Länge Ihres Bohrers.

ES IST GENAUSO WICHTIG, am Arbeitsplatz von schönen Dingen umgeben zu sein, wie in einem schönen Ambiente zu wohnen. Auch hier geht es darum, Inspiration zu verspüren und seiner Kreativität freien Lauf zu lassen. Andrea fertigte dieses Erstlingswerk vor vielen Jahren für meinen Schreibtisch – hierin bewahre ich meine Kreativwerkzeuge auf, und es wird mit jedem Tag schöner.

Andrea ist unglaublich. Er weiß, was ich brauche, bevor es mir selbst bewusst ist. Auf meinem Schreibtisch standen eine Reihe alter Keramikgefäße und tagtäglich vernahm er mein Schimpfen, wenn ich wieder einmal den gesamten Inhalt eines Topfes auskippen musste, um das zu finden, was ich gerade suchte. Ich verliebte mich noch ein bisschen mehr in ihn, als ich eines Morgens in die Werkstatt kam und sah, wie alle meine Stifte in ihrer neuen Box standen.

SCHRITT 01

Reißen Sie die Kontur des gewünschten Stiftehalters mit Bleistift auf Ihrem Holzklotz an. Legen Sie die Kreisschablone auf das Holz und zeichnen Sie etwa 3 große, 5 mittelgroße und 4 kleine Löcher. Belassen Sie rundum mindestens 5 mm Platz bis zu den Werkstückkanten.

SCHRITT 02

Schneiden Sie die Form des Stiftehalters auf der Bandsäge zu. Bohren Sie mit Bohrern verschiedener Größen 10–50 mm große Löcher in das Holz.

SCHRITT 03

Schleifen Sie die Werkstückflächen eben und glatt.

Als Kind gab ich mein Taschengeld nicht für Süßigkeiten und Eiscreme aus, sondern im Schreibwarengeschäft. Ich bin immer noch ein großer Fan von Stiften und Markern in Neonpink und natürlich von farbigen Klebebändern. Gloria hat das von mir geerbt und es wird nicht lange dauern, bis sie ihren eigenen Stiftehalter benötigt. Dieses Stück nimmt alles auf, was für unsere Arbeit zweckmäßig ist. Ganz gleich, ob es Schreibgeräten dient, in der Küche für Backutensilien oder kleine Löffel oder im Bad für Pinzetten und Make-up – es ist der ideale Mix aus praktisch, funktional und schön.

„JEDES FERTIGGESTELLTE OBJEKT HAT SEINEN EIGENEN SPEZIELLEN CHARAKTER. NIE IST EIN STÜCK WIE DAS ANDERE. DA AUCH SIE WIE WIR MIT NATÜRLICHEM HOLZ ARBEITEN WERDEN, ERHALTEN AUCH SIE NIE EIN GLATTES, PERFEKTES ERGEBNIS. JEDES TEIL IST EINZIGARTIG.“

DECKEL AUS HOLZ

WERKZEUG UND MATERIAL

- Stichsäge
- elektrische Handbohrmaschine mit 8-mm-Spiralbohrer
- Meterstab
- Bleistift
- Zirkel
- Holzleim
- Lederband, etwa 1 cm breit und 40 cm lang
- elektrischer Exzenterschleifer mit Schleifpapier, Körnung 80, 120 und 180
- Schleifpapier, Körnung 120

Außerdem:
- Zwinge
- Pinsel (für den Leim)

HOLZ

- massive Oliven-, Eichen-, Kastanien- oder Walnussholzbohle, etwa 20 × 20 cm, 4–5 cm dick (die genaue Größe des Holzstücks, das Sie benötigen, hängt vom Durchmesser des Vorratstopfes ab)

NICHT NUR FÜR HOLZ schlägt unser Herz, sondern auch für Flohmärkte. Im Winter verbringen wir unsere Sonntage gerne auf den Märkten hier in der Toskana. Sie sind wahre Quellen der Inspiration, nicht nur weil man dort antike Holzobjekte, sondern auch handgeblasenes Muranokristall, handgewebte Stoffe sowie unseren Dauerfavoriten, Keramik aus Grottaglie auf der Halbinsel Salent in Apulien findet.

Bei einem unserer letzten Besuche fand ich diese wundervollen alten Vorratstöpfe. Und sie sind einfach wesentlich zweckmäßiger, wenn man sie mit einem simplen Holzdeckel aufrüstet.

SCHRITT 01

Messen Sie den Topfaußenumfang und zeichnen Sie ihn mit einem Zirkel direkt auf das Holz. Die Gefäße, die wir verwenden, sind meist handgetöpfert und nie richtig rund. Der Deckel sollte aber absolut rund sein, auch wenn er deshalb hier und da etwas übersteht.

Verfahren Sie nun in der gleichen Weise mit dem Innenumfang, um die Scheibe zu erhalten, die unter dem Deckel angebracht wird und im Topf verschwindet. Ihr Radius ist etwa 1,5 cm kleiner als der der oberen Scheibe.

SCHRITT 02

Schneiden Sie die beiden Scheiben mit der Stichsäge zu. Spannen Sie dabei das Holz mit einer großen Zwinge fest. Es entsteht eine größere und eine kleinere Scheibe.

SCHRITT 03

Schleifen Sie die Kanten beider Scheiben mit einem elektrischen Exzenterschleifer. Beginnend mit Schleifpapier Körnung 80 schleifen Sie langsam bis Körnung 180, bis sie sich glatt und angenehm anfühlen. Legen Sie die größere Scheibe mit der Außenseite nach unten gerichtet auf die Werkbank und legen Sie die untere Scheibe genau mittig auf die obere Scheibe. Spannen Sie sie fest und ziehen Sie mit Bleistift die Außenkontur der unteren auf der oberen Scheibe schwach nach, um anzureißen, wohin sie zu liegen kommt. Bestreichen Sie beide Scheiben mit etwas Leim und leimen Sie beide Teile zusammen.

„GEBRAUCHEN UND SCHÄTZEN SIE DIE DINGE, DIE SIE BESITZEN. EIN LANGE NICHT BEACHTETER HOLZREST KANN ZUM KOSTBARSTEN DESIGNERSTÜCK WERDEN."

SCHRITT 04

Bohren Sie nun dort, wo Sie den Zirkel in der Holzmitte angesetzt hatten, vorsichtig ein Loch für das Lederband durch das Holz. Wir haben den Deckel auf zwei Resthölzern abgelegt, um nicht in die Werkbank zu bohren. Glätten Sie die Lochkanten auf beiden Seiten etwas mit Schleifpapier Körnung 120.

SCHRITT 05

Legen Sie das Lederband zur Hälfte, ziehen Sie die Schlaufe durch das Loch und verknoten Sie das Band auf der Deckelunterseite.

In diesen alten Einlegegefäßen wurden Oliven aufbewahrt; dennoch verwenden wir sie nicht für Lebensmittel. Stattdessen nutzen wir sie in der Werkstatt für Kleinkram und im Büro für Geschenkbänder und Kerzen. Ich glaube, auch das ist ein Beispiel für unsere Holzrecycling-Philosophie – wir verhelfen den Dingen gerne zu einem zweiten Leben. Wenn Sie wollen, können Sie die Deckel auch ohne Lederband herstellen und die Töpfe stapeln.

WIEDERVERWENDETES HOLZ 03

Altholz jeder Art und Größe oder Qualität kann man wiederverwenden. Aus einem alten Küchentisch kann man ein Schneidebrett oder ein Bücherregal machen, aus einem zerbrochenen Besenstiel eine Kleiderstange oder sogar aus einem alten Bodenbelag den nächsten Esstisch. Über die Jahre hat Andrea mehrere Häuser aus dem 17. Jh. renoviert, und etliche massive Dachsparren und Balken wanderten von dort in seine Werkstatt. Die alten Hölzer sprechen zu ihm, erzählen ihm ihre Geschichte, wobei die Risse und Reparaturen im Leben eines Objekts für ein besonderes Ereignis stehen – genau das inspiriert uns tagtäglich bei unserer Arbeit. Dies ist Ihre Chance, den Makel oder die Unvollkommenheit anzunehmen. Altes Holz wiederzuverwenden bedeutet, die Abnutzung, die Bruch- und Reparaturstellen als einen Teil der Geschichte eines Objekts zu sehen und nicht als etwas, das es zu verdecken gilt.

Es bedeutet auch, dass man nichts wegwirft. Dem Holz wird lediglich ein zweites Leben in anderer Form gegeben. Betrachten Sie alles, was Sie wegwerfen wollen, mit anderen Augen – wie könnte man es recyceln und wiederverwenden, um daraus etwas anderes Schönes fürs Haus zu kreieren? Und wenn Sie gar nichts wegzuwerfen oder gerade auch nichts zu renovieren haben, gehen Sie zur nächsten Deponie. Dort gibt es alte Bohlen, Balken, Dachsparren oder Bodenbretter. Reinigen Sie die Holzstücke sorgfältig mit Desinfektionsmittel. Arbeiten Sie möglichst nicht mit Schleifpapier, Sie würden sonst die Originalpatina wegschleifen. Raue Kanten oder Bereiche glättet man am besten mit einer weichen Drahtbürste, um den Look zu erhalten.

MAGNETISCHE MESSERLEISTE

WERKZEUG UND MATERIAL

- Holzleim
- Pinsel (für den Leim)
- elektrische Handbohrmaschine mit 5-mm-Spiralbohrer und 5-mm-Zapfenschneider (für die Zapfen)
- farbiges Klebeband
- Kreisschablone
- Kreissäge

Außerdem:
- 50 Magnete, Ø 5 mm
- Bleistift
- Schleifpapier, Körnung 180

HOLZ

- alte Kastanien-, Eichen- oder Olivenbohle

UNSER IM JAHRE 1678 ERBAUTES HAUS haben wir komplett renoviert und saniert. Es ist selbst schon fast ein Kunstwerk, weshalb wir das Dekor möglichst sparsam halten. Dennoch sind wir große Sammler, was mit Minimalismus nicht immer gut vereinbar ist!

In unserem Haus gibt es zahlreiche dänische Klassiker, Orientteppiche, Moderne Kunst und eigene Designs, wie unseren Esstisch. Andrea hat immer schon schöne handgemachte Messer gesammelt und dieses schlichte und unverzichtbare Teil kreiert, an dem er seine Messer nicht nur sicher aufhängen, sondern auch präsentieren kann.

SCHRITT 01

Zeichnen Sie mit Bleistift etwa in der Größe 55 × 6 × 2 cm die Form Ihrer Messerleiste auf die Bohle und schneiden Sie die Form zu. Wir haben sie auf der Kreissäge zugeschnitten, doch möglich ist dies auch mit jeder anderen Säge.

SCHRITT 02

Messen und reißen Sie im Abstand von je 5 cm die Lochpositionen an. Bohren Sie die Löcher mit dem 5-mm-Bohrer. Versuchen Sie, möglichst so tief zu bohren, dass das Holz nur noch etwa 2 mm dick ist, damit die Magnetkraft der Magnete auf der Außenseite noch wirkt. Sie können die maximale Bohrtiefe auf Ihrem Bohreinsatz mit einem farbigen Klebeband markieren.

SCHRITT 03

Setzen Sie die Magnete in die Löcher. Stapeln Sie so viele übereinander, bis das Bohrloch gefüllt ist.

SCHRITT 04

Drehen Sie das Holz um und bohren Sie zwei Löcher zum Aufhängen der Leiste. Bohren Sie dazu etwa 2 cm von der rechten und linken Schmalseite entfernt je ein 5-mm-Loch. Schneiden Sie aus einem separaten Holzstück mit einem Zapfenschneider zwei 5-mm-Zapfen (siehe „Verdeckte Verschraubung“, Seite 27). Schrauben Sie Ihre Messerleiste an die Wand. Achten Sie darauf, dass die Schrauben so tief im Holzstück verschwinden, dass etwa 5 mm Platz für die Zapfen bleibt. Sie können sie ggf. mit einem Tropfen Leim einleimen. Schleifen Sie die Zapfenoberflächen vorsichtig von Hand mit dem umgebenden Holz bündig.

Es liegt ganz bei Ihnen, ob Sie ein neueres oder ein rustikaleres Brett verwenden. Ganz gleich, wie Ihre Wahl ausfällt, versuchen Sie, das Design klar und schlicht zu halten. Das Schöne an dieser Idee ist, dass die Messer zur Geltung kommen und nicht das Holz im Fokus steht. Die Holzzapfen kann man aus einem Kontrastholz herstellen – man kann zum Beispiel Eiche und Kastanie miteinander kombinieren – oder aber Holz der gleichen Art, jedoch mit unterschiedlicher Patina verwenden.

SCHNEIDEBRETT

WERKZEUG UND MATERIAL

- Vorstecher
- Holzleim
- Pinsel (für den Leim)
- Stecheisen
- elektrischer Exzenterschleifer mit Schleifpapier, Körnung 120 und 150
- Hammer (Klüpfel oder Klauenhammer)
- Fuchsschwanz (oder Stichsäge)

Außerdem:
- Schleifpapier, Körnung 80
- Bleistift
- Meterstab

HOLZ

- Recyceln Sie eine alte Tür oder Tischplatte aus Eichen-, Buchen-, Walnuss- oder Olivenholz.

ANDREA ENTSCHEIDET NIE BEWUSST, wie ein Küchenbrett aussehen soll: Faktoren wie Umriss, Breite, Charakter, Maserung und Form des Holzes diktieren in gewissem Maße, wie das Endergebnis ausfällt. Er mag den Gedanken, dass das, was er entwirft, etwas ist, was benötigt und im Alltag benutzt wird und dass das Stück nur umso schöner wird, je häufiger es gebraucht wird.

Der Schwalbenschwanz wird mithilfe einer alten Tischlertechnik von Hand geschnitten. Er verstärkt den Bereich um einen Riss herum und macht Ihr Brett zu einem ganz individuellen Stück. Die Form des Schwalbenschwanzes ist wichtig. Er darf in der Mitte nicht zu schmal sein und die „Schwänze" müssen so groß sein, dass sich der Riss nicht weiter fortsetzt.

SCHRITT 01

Suchen Sie sich ein etwa 44 × 30 cm großes Holzstück aus, das in etwa der endgültigen Form Ihres Schneidebretts entspricht. Suchen Sie ein weiteres etwa 24 × 8 cm großes Stück für den Griff des Schneidebretts. Betrachten Sie die Maserung des Holzes und orientieren Sie sich daran (die Faserrichtung sollte immer in Längsachse des Brettes verlaufen). Zeichnen Sie den Umriss des Bretts mit Bleistift auf das Holz.

SCHRITT 02

Schneiden Sie das Brett mit dem Fuchsschwanz oder der Stichsäge zu. Legen Sie den Griff so auf das Brett, dass er halb übersteht und ziehen Sie die Kontur auf dem Brett nach. Sägen Sie die Aussparung für den Griff aus dem Brett.

SCHRITT 03

Schleifen Sie das Brett mit einem Exzenterschleifer. Verwenden Sie Schleifpapier Körnung 120 nur an den Sägekanten. Raue Stellen auf der Oberfläche glätten Sie mit Schleifpapier Körnung 150, um sicherzustellen, dass das alte Holz nicht seine schöne Patina verliert.

„WIR EXPERIMENTIEREN GERNE MIT VERSCHIEDENEN STILRICHTUNGEN. WENN MAN OFFEN IST, ERGEBEN SICH AM ENDE INNOVATIVE UND SPANNENDE DESIGNS, DIE DENNOCH KLASSISCH GENUG SIND, UM HOFFENTLICH DIE ZEITEN ZU ÜBERDAUERN."

SCHRITT 04

Streichen Sie jeweils die drei Verbindungsflächen des Griffs und des Bretts gleichmäßig mit Leim ein und setzen Sie den Griff ein. Lassen Sie ihn vollständig trocknen.

SCHRITT 05

Weist die Brettoberfläche einen Riss auf, können Sie dort zur Verstärkung einen Schwalbenschwanz aus Holz einsetzen. Zeichnen Sie auf ein 1 cm dickes Stück Holz eine Schwalbenschwanzkontur und schneiden Sie diese mit der Stichsäge aus. Schleifen Sie den Schwalbenschwanz mit Schleifpapier Körnung 80. Legen Sie ihn quer auf den Riss und zeichnen Sie die Kontur mit einem Bleistift so auf das Brett, dass die Schwänze beiderseits des Risses liegen und ihn „verbinden".

Stechen Sie die Aussparung vorsichtig mit Hammer und Stecheisen oder einem Vorstecher aus. Prüfen Sie immer wieder nach, ob der Schwalbenschwanz in die Aussparung passt, die Sie gerade herstellen. Stechen Sie innerhalb der Bleistiftlinie, damit die Aussparung für den Schwalbenschwanz nicht zu groß wird. Glätten Sie die Aussparung mit Schleifpapier, ehe Sie den Schwalbenschwanz einleimen.

Mit den Jahren sind wir – was unsere Arbeit und unsere Entwürfe angeht – immer mutiger geworden. Inzwischen integrieren wir die natürlichen Risse im Holz als Designelemente und außer, wenn Andrea tatsächlich das Gefühl hat, ein Riss könne die Stabilität eines Stückes beeinträchtigen, bemühen wir uns nach Kräften, die Schwachstelle zu akzentuieren. Dieses Stück ist uns lieb und teuer, denn das Gesamtkonzept unterstreicht, woran wir aufrichtig glauben: Jedes Holzstück ist schön und ein Riss ein Geschenk und kein Grund, nicht etwas Neues zu kreieren.

PARKETT

WERKZEUG UND MATERIAL

- Holzleim
- Meterstab
- weiche Drahtbürste
- Cutter
- Bleistift
- Karton (als Schablone)
- Geodreieck
- Kreissäge

HOLZ

- recycelte Bodenbretter aus Eichen- oder Kastanienholz oder aus einer anderen Holzart. Gehen Sie zur nächsten Deponie und suchen Sie sich die für Ihr Vorhaben geeigneten Bretter aus.

JEDER WEISS, DASS es fast unmöglich ist, an einen vorhandenen Bodenbelag einen vom Design her passenden Anschluss zu legen. Früher war man bemüht, den Übergang von einer Bodenart zur anderen zu kaschieren. Heute tut man das genaue Gegenteil: Man sucht die Unterschiede und unterstreicht sie, statt sie zu verstecken und legt Wert auf Kontrast. Statt also zu versuchen, gleiche Materialien zu finden, suchen Sie doch einmal Hölzer, Farben und Patinas, die Sie besonders inspirieren.

SCHRITT 01

Messen Sie aus, wie groß das Stück Boden ist, das Sie verlegen wollen. Schneiden Sie mit dem Cutter aus Karton eine passende Schablone zu. Ordnen Sie die Hölzer auf der Schablone an: Sie können nach Herzenslust ein Verlegemuster erstellen. Achten Sie darauf, dass sämtliche Hölzer die gleiche Stärke haben. Wir haben eine Variante des Fischgrätparketts verlegt, doch möglich ist auch jedes andere Muster. Schneiden Sie die Formen gemäß der Schablone auf der Kreissäge zu.

Fischgrätböden werden in der Regel Element für Element auf verschiedenste Weise entweder parallel zur Wand oder diagonal, wie wir es gemacht haben, verlegt. Diagonal verlegtes Parkett lässt den Raum optisch größer wirken, erfordert aber mehr Material.

SCHRITT 02

Reinigen Sie die Bretter mit einer weichen Drahtbürste. Verwenden Sie besser kein Schleifpapier, damit die Patina nicht verloren geht.

SCHRITT 03

Leimen Sie die Hölzer an ihren Platz.

In einem mittelalterlichen Dorf wie dem unseren gehören antike Bodenfliesen zum Alltag. Deshalb war es schon etwas exotisch, als wir uns entschieden, in unserem Schlafzimmer einen massiven Eichenboden zu verlegen. Wir dürfen sogar sagen, dass es der erste Holzfußboden im Dorf war – und stellen mittlerweile fest, dass Holzböden in unserer Nachbarschaft in Mode gekommen sind.

Es ist wirklich so, dass Ihnen keine Grenzen gesetzt sind, wenn Ihnen die Fehler und Mängel eines Holzes willkommen sind und Sie sie in Ihr Verlegemuster integrieren – es kommt eben darauf an, Wert auf den Unterschied zu legen. Sie können sogar experimentieren und die Hölzer so ausrichten, dass ihre Fasern in unterschiedliche Richtungen verlaufen. Wenn in Ihrem Haus also ein Stück Boden renoviert werden muss, kann daraus ein Kunstwerk werden. Wunderbar!

BANK

WERKZEUG UND MATERIAL

- 4 Schrauben, je 3 cm lang
- elektrische Handbohrmaschine mit 5-mm-Spiralbohrer, 33-mm-Bohrkrone (für die Beine) und 5-mm-Zapfenschneider (für die Zapfen)
- Machete
- Schleifpapier, Körnung 180
- elektrischer Exzenterschleifer mit Schleifpapier, Körnung 120 und 180
- Kreissäge
- Holzleim
- Schraubzwinge

Außerdem:

- Geodreieck
- Stecheisen

HOLZ

- altes Holz von einer Tür oder einem Fenster für den Sitz und ein alter Besenstiel oder weiteres Fensterholz für die Beine

DIE SCHÖNEN ALTEN EICHEN- und Kastaniensparren und Balken, die wir verwenden, gehören zu den ursprünglichen Schönheiten, die heutzutage hier im Dorf immer wieder ersetzt werden. Andrea brachte sie, wenn er irgendwo mit der Renovierung fertig war, mit nach Hause. Kam er dabei an anderen Häusern vorbei, die ebenfalls gerade saniert wurden, bot sich die Gelegenheit, weitere für seine Sammlung mitzunehmen. Jedes Fundstück steht für sich: ein Kunstwerk mit eigener Geschichte. Das bedeutet nicht, dass jedes Stück auf Anhieb in etwas Besonderes verwandelt wird. Mit hoher Wahrscheinlichkeit wird das Holz nach so einem langen Leben in einem alten Haus in unserer Werkstatt erst einmal eine noch längere Auszeit nehmen, bis Andrea weiß, was daraus werden soll.

SCHRITT 01

Suchen Sie sich ein geeignetes Brett und vermaßen Sie es. Unser Brett hat etwa die Maße 94 × 21 × 6,5 cm. Suchen Sie vier Beine – ziehen Sie glatte runde oder rustikale eckige vor? Sie können einen alten Besenstiel verwenden oder, falls vorhanden, Reste von Kastanien- oder Eichenholz von einer alten Deckenverkleidung.

Schneiden Sie das Holz in der gewünschten Länge der Beine zu. Beine der rustikalen Art bearbeiten Sie mit der Machete. Arbeiten Sie dabei stets vom Körper weg, entweder auf einem Hauklotz oder am eingespannten Werkstück. Schleifen Sie zum Schluss mit dem Exzenterschleifer erst mit Schleifpapier Körnung 120 und dann mit Körnung 180. Die Beine müssen nicht zu 100 % gerade und perfekt sein. „Etwas Leben ins Spiel" zu bringen, trägt nur zum besonderen Charakter der Bank bei.

SCHRITT 02

Bohren Sie 18 cm von den Kanten der Schmalseiten und 4 cm von den Kanten der Längsseiten entfernt je zwei Löcher für die Beine. Verwenden Sie dazu eine spezielle 33-mm-Bohrkrone, mit deren Hilfe Sie für die vier ausgestellten Beine schräge Löcher in der richtigen Neigung bohren können. Stecken Sie die Beine in die Löcher.

SCHRITT 03

Bohren Sie darüber hinaus zum Verschrauben der Beine von außen seitlich vier Löcher in den Sitz. Sorgen Sie dafür, dass die Bohrlöcher tiefer als Schraubenlänge sind, damit Sie die Schraubenköpfe noch mit Zapfen verdecken können. Drehen Sie die vier Schrauben fest.

SCHRITT 04

Schneiden Sie die Holzzapfen mit einem 5-mm-Zapfenschneider, damit sie die gleiche Größe wie die gebohrten Zapfenlöcher haben. Klopfen Sie sie in die Löcher, um die Schrauben zu verdecken (siehe „Verdeckte Verschraubung“, Seite 27). Stechen Sie überstehendes Holz weg und schleifen Sie die Zapfenoberfläche vorsichtig von Hand bündig mit dem umgebenden Holz. Alternativ können Sie im Baumarkt fertige Zapfen kaufen.

SCHRITT 05

Schleifen Sie die vier Beine mit feinem Schleifpapier, Körnung 180, glatt.

Es kommt mir immer wie ein Frevel vor, 200 Jahre alte Eichen- oder Kastaniensparren zu zerschneiden. Nichtsdestotrotz ist die dahinterstehende Idee absolut einfach: Man versieht einen alten Sparren oder Balken einfach mit vier Beinen, und schon hat man eine perfekte, einzigartige Bank. Lassen Sie sich von dem Holz, das Sie gerade bearbeiten, leiten. Lassen Sie es die Länge und Breite Ihrer Bank bestimmen. Es wird ein derart schönes Stück, dass Sie immer den richtigen Platz dafür finden werden.

„ANDREAS WAHRE LEIDENSCHAFT FÜR HOLZ BEGANN, ALS ER EIN KLEINER JUNGE WAR UND SEINEM VATER HALF, DER ALS ELEKTRIKER OFT IN DEN ALTEN HÄUSERN ZU TUN HATTE. ER VERLIEBTE SICH IN DIE ALTEN HÄUSER. LIEBTE, WIE SIE GEBAUT WAREN. ALL DIE KLEINEN MACKEN, DIE MAN IHNEN ÜBER DIE JAHRE ZUGEFÜGT ODER DIE MAN REPARIERT HATTE.“

TISCH

WERKZEUG UND MATERIAL

- weiche Drahtbürste
- Holzleim
- elektrische Handbohrmaschine mit 7-mm-Bohreinsatz
- Stecheisen
- 6 Sechskant-Holzschrauben, je 9 cm lang
- 2 Flacheisen, 80–100 cm lang (z. B. von einer alten Tür) sowie 4 Stck. 3-cm-Holzschrauben für die Befestigung der Eisen
- elektrischer Exzenterschleifer mit Schleifpapier, Körnung 120 und 180
- Kreissäge
- Hammer

Außerdem:
- Fuchsschwanz, 600 mm Länge
- Geodreieck
- Seifenflocken

HOLZ

- Die Tischplatte können Sie aus allem herstellen, was hierzu geeignet ist: z. B. aus einer alten Tür oder aus alten Bodendielen. Wir haben für die Platte alte Baubohlen verwendet und die Beine aus alten Kastaniensparren hergestellt.

ANDREA LIEBT ALTE TRADITIONEN und alte Handwerkskunst. Ihn faszinieren auch alte Holzverbindungen wie T-Überblattungen und überlappende Überblattungen, die wir beide an unserem Esstischgestell einsetzen. Vielleicht ist es ja gerade das, was die Menschen an seiner Arbeit lieben: erkennen zu können, wie sich die Holzteile wie bei einem Puzzle ineinanderfügen und verbinden.

Das Handwerk sieht so einfach aus, aber es erfordert ein hohes Maß an Präzision – und auch ein bisschen Leidenschaft. Die Tischplatte ist aus antiken Wandpaneelen gefertigt, die Beine sind originale alte toskanische Eichensparren aus einer Kirche. Zwei Bandeisen von einer alten Tür verstärken die Konstruktion und gewährleisten die Stabilität des Tisches.

SCHRITT 01

Schleifen Sie die Bretter auf allen Seiten sauber und glatt, sodass keine größeren Risse mehr vorhanden sind und sie sich von der Form her ähneln. Legen Sie sie dicht an dicht auf die Werkbank und verleimen Sie sie zu einer etwa 240 × 85 cm großen Platte.

SCHRITT 02

Nun geht es mit dem Gestell weiter. Es sind zwei Rahmen aus je zwei Beinen und zwei Querstreben zu bauen. Unsere Rahmen sind 70 cm hoch, doch es liegt ganz bei Ihnen, wie hoch Ihr Tisch werden soll. Es handelt sich um A-förmige Rahmen, bestehend aus zwei vertikalen Beinen, die mittels zweier Querstreben miteinander verbunden werden – die obere Querstrebe misst 68 cm, die 11 cm über dem Boden angebrachte untere Querstrebe 64 cm. Sägen Sie die Streben auf der Kreissäge auf die gewünschte Länge zu (oder bitten Sie die Sägewerkmitarbeiter, sie zuzuschneiden).

Markieren Sie mithilfe von Geodreieck und Bleistift, wo die oberen Querstreben an der Tischplatte befestigt werden. Um eine saubere T-Überblattung herzustellen, machen Sie die vertikalen Schnitte mit dem Fuchsschwanz und stemmen die Aussparungen mit Hammer und Stecheisen aus. Setzen Sie sämtliche Teile mit Leim und einer Schraube zusammen, die Sie mit einem Holzstückchen verdecken können.

SCHRITT 03

Messen und reißen Sie die Mitten der unteren Querstreben an. Zur Verstrebung des Tisches wird an diesen Stellen je ein Flacheisen angesetzt und im 35°-Winkel unter die Tischplatte geführt. Legen Sie die Tischplatte vorsichtig oben auf die beiden Rahmen und markieren Sie, wo die beiden Eisenstreben auf den Tisch treffen. Lassen Sie sich bei diesem Arbeitsschritt von einer zweiten Person helfen.

SCHRITT 04

Legen Sie nun die Tischplatte mit dem Gesicht nach unten auf die Werkbank zurück und schrauben Sie alle Teile fest. Bohren Sie dazu an beiden Rahmen durch die obere Querstrebe je drei Löcher in die Unterseite der Tischplatte. Schrauben Sie die Rahmen mit drei Sechskant-Holzschrauben pro Seite an die Tischplatte. Bringen Sie zum Schluss die beiden Flacheisen mit je einer kleineren Holzschraube pro Ende an.

SCHRITT 05

Stellen Sie den Tisch auf die Beine und reiben Sie die Platte zum Schutz mit Seifenflocken ein.

Unser Esstisch ist das Zentrum unseres Hauses. Hier findet alles statt. Von der Planung unserer Hochzeit über Abendessen mit Freunden, Diskussionen über den Weltfrieden bis hin zu Glorias Erziehung. Wir laden gerne Freunde zum Essen ein. Und selbst das einfachste Mahl kann einen Tisch wie diesen in den Mittelpunkt rücken. Zwar handelt es sich um eines der komplizierteren Möbelstücke, aber wir wollten in diesem Buch auf ein so wichtiges Objekt nicht verzichten.

Dieser Tisch hat uns in unserem Arbeitsleben viele Herausforderungen und spannende Möglichkeiten beschert. Wir hoffen, dass er auch Sie in vielfältiger und unerwarteter Weise inspiriert.

„AUS ALTEN WANDPANEELEN WIRD EIN TISCH. ORIGINAL TOSKANISCHE EICHENSPARREN AUS EINER KIRCHE WERDEN ZU TISCHBEINEN. ANDREA KREIERT SEINE OBJEKTE AUS DEM, WAS DIE NATUR ZU BIETEN HAT."

RESTHOLZ 04

In diesem Kapitel geht es um kleinere Arbeiten aus Reststücken, die nach Wiederverwendung schreien. Für uns ist es eine Philosophie, dass man, wenn man mit Holz arbeitet, nichts wegwerfen sollte. Aus jedem Holzrest von einer von Andreas Arbeiten entsteht etwas Neues, etwas Kleineres, Zierlicheres, wie die Wetterfahne oder der Rührlöffel – die Ideen entstehen fast aus sich selbst heraus. Das Wäschekorbprojekt ergab sich, als Andrea nach dem Bau von Bilderrahmen einige Hölzer übrig behielt. Ich suchte nach einer Art Konstruktion für meinen alten Leinensack und er zog diese wundervollen Eichenleisten aus der Ecke – schon war die Idee geboren.

Natürlich kommt es immer auf die Qualität der Resthölzer an. Es ist Zeitverschwendung, stundenlang an einem schlanken Rührlöffel zu arbeiten, der dann aufgrund mangelnder Festigkeit zerbricht. Schließlich gab es einen Grund, weshalb Sie genau dieses Stück Holz ursprünglich weggeschnitten hatten. Nehmen Sie Ihr Abfallholz also immer erst genau unter die Lupe, ehe Sie es für ein neues Projekt verwenden.

MINIATURMODELLE

WERKZEUG UND MATERIAL

- elektrische Handbohrmaschine mit kleinen Bohreinsätzen
- Lederband
- Schleifpapier, Körnung 120 und 150
- Holzleim
- Draht
- Fuchsschwanz

Außerdem:
- Bleistift

HOLZ

- Holz aller Art (werfen Sie niemals Resthölzer weg)

ANDREA UND SEIN VATER LEANDRO stellten immer gerne kleine Architekturmodelle von Möbeln, Häusern und anderen Projekten her. Leandro ist Perfektionist und ein Genie, wenn es um knifflige Designs geht.

Wer mit Holz arbeitet, sollte immer eine Ecke für seine Holzreste vorsehen. Eines Tages wird Ihnen eines dieser Stücke – in einem anderen Licht – ins Auge fallen und Sie werden genau wissen, wie Sie es in ein neues, interessantes Deko-Stück für Ihren Schreibtisch verwandeln können. Als Weiterentwicklung der Miniaturhäuser können Sie Miniaturmöbel bauen – lassen Sie Ihrer Fantasie freien Lauf und entwickeln Sie Ihre Ideen weiter. Ich bin mir sicher, dass einige Möbelstücke im Puppenhaus Ihres Kindes landen.

SCHRITT 01

Zeichnen Sie Ihre Ideen – ein Haus, Möbelstück, usw. – auf das Holz Ihrer Wahl. Schneiden Sie die Konturen mit einer Säge aus.

SCHRITT 02

Sind die gewünschten Formen zurechtgeschnitten, schleifen Sie das Holz beginnend mit Körnung 120 und schließlich mit Körnung 150, bis es sich vollkommen glatt anfühlt.

SCHRITT 03

Legen Sie alle Teile auf der Werkbank zurecht. Falls Beine einzuleimen sind, bohren Sie dafür kleine Löcher. Man verfährt ähnlich wie bei den größeren Versionen. Leimen Sie Beine, Griffe usw. ein.

Unsere Miniaturmodelle geben unserem Arbeitsleben wichtige Impulse. Es macht großen Spaß, die Stücke zu entwerfen, und sie inspirieren uns, wenn sie fertig sind. Wir stellen sie an unserem Arbeitsplatz auf und schon ihr Anblick kann uns zu Neuem inspirieren. Aufgrund dessen sind sie nun ein wichtiger Teil der Werkstatt; sie nehmen einen Platz in unserer Geschichte ein und leisten ihren Beitrag zu künftigem Design. Sie sind besonders und in ihnen steckt Leidenschaft – und es ist noch nie vorgekommen, dass ihr Anblick jemanden nicht zum Lächeln gebracht hätte.

„UNS BEIDEN IST ES ÜBERAUS WICHTIG, NICHTS WEGZUWERFEN – AUS JEDEM REST HOLZ WIRD ETWAS NEUES."

SPIESSGRIFF

WERKZEUG UND MATERIAL

- elektrische Handbohrmaschine mit 3-mm-Spiralbohrer
- Edelstahlspieße
- Schleifpapier, Körnung 80 und 150
- Holzleim
- kleiner Holzhobel
- Bandsäge (oder Fuchsschwanz)

Außerdem:
- Schraubzwinge
- Bleistift

HOLZ

- kleine Olivenholz- oder Eichenholzstücke

WIR LIEBEN UNSERE SOMMER in Dänemark in unserem kleinen Holzhaus mit dem hübschen Garten, in dem Gloria von morgens bis abends herumtobt. Am besten schmeckt es uns, wenn Andrea abends ein Lagerfeuer macht und wir auf unseren aus einem alten Schirm gemachten Spießen, die wir mit Holzgriffen versehen haben, grillen.

Sie müssen natürlich nicht Ihren alten Schirm verwenden, Sie können auch ein paar einfache Edelstahlspieße kaufen, Ihre Werkstatt nach einem geeigneten Holzrest durchstöbern und daraus einen Griff für Ihren ganz persönlichen Spieß gestalten.

SCHRITT 01

Suchen Sie sich aus Ihrer Sammlung ein Abfallholz aus und reißen Sie darauf mit dem Bleistift die Griffkontur an. Unsere Griffe sind 9 × 2 × 2,5 cm groß und Andrea verjüngt sie am Spießende um 5 mm. Schneiden Sie die Form auf der Bandsäge zu.

Damit der Griff interessanter aussieht, haben wir zwei Holzarten, Oliven- und Eichenholz, verleimt.

SCHRITT 02

Spannen Sie den Griff mit einer Schraubzwinge fest. Brechen Sie die vier Kanten nacheinander zunächst mit einem Hobel und glätten Sie sie dann mit Schleifpapier Körnung 80 und 150. Schleifen Sie den Griff, bis die Oberfläche glatt ist. Bohren Sie in die kleinere Stirnfläche mit dem 3-mm-Bohrer ein etwa 3–4 cm tiefes Loch.

SCHRITT 03

Befestigen Sie den Griff am Spieß, indem Sie den Spieß in das Bohrloch hineindrücken.

Am besten kauft man mindestens 40–50 cm lange Spieße und taucht die Holzgriffe, wenn man auf offenem Feuer grillen möchte, in Wasser, damit sie sich nicht entzünden.

„OB MAN ARBEITET ODER KOCHT – ALLES, WAS MAN MIT DEM HERZEN TUT, WIRD GESCHÄTZT WERDEN."

RÜHRLÖFFEL

WERKZEUG UND MATERIAL

- Stichsäge
- Leinölfarbe
- Holzfeilen, grob und fein
- elektrischer Exzenterschleifer mit Schleifpapier, Körnung 120
- Vielzweckklammer
- Schleifpapier, Körnung 150

Außerdem:
- Bleistift

HOLZ

- kleine dünne Stücke von Buchen-, Eschen-, Oliven-, Ahorn-, Eichen- oder Walnussholz mit einer maximalen Stärke von 1,5 cm.

DIE IDEE ZU UNSEREM LÖFFEL kam uns vor etlichen Jahren und den Rührlöffel haben wir – quasi als seine kleine Schwester – für dieses Buch entworfen.

Als wir unsere Firma gründeten, verwendete Andrea für seine Schneidebretter nur das Kernholz jedes Olivenholzstücks. Das war, bevor wir entdeckten, dass unvollkommen schön ist. Es tat mir in der Seele weh, wenn ich in unserem kleinen Rustico mit all den außergewöhnlichen Resthölzern den Kamin anzündete. Oft waren es lange, dünne Brettchen und sie schrien nachgerade nach einer Verwendung. Heute ist der Rührlöffel eines meiner Lieblingsprojekte. Er ist ein absolut einfaches Utensil und ich liebe die Schlichtheit der flachen Laffe und des Designs.

SCHRITT 01

Glätten Sie die Oberfläche des ausgewählten Holzstücks mit einem elektrischen Exzenterschleifer (mit Schleifpapier Körnung 120). Zeichnen Sie die Löffelkontur mit einem Bleistift auf. Betrachten Sie das Holz und den Faserverlauf und lassen Sie sich leiten – im Löffel sollte die Faser stets längs verlaufen.

SCHRITT 02

Schneiden Sie mit der Stichsäge zunächst die Laffe rundum bis zum Griff. Drehen Sie dann den Löffel um und schneiden Sie rechts und links des Griffes das überschüssige Holz ab, bis der Verschnitt abfällt.

SCHRITT 03

Formen Sie den Griff und die Laffe mit einer groben Feile – etwa ein Drittel der Laffe sollte dünn gefeilt werden.

SCHRITT 04

Die endgültige Form und den Feinschliff erledigen Sie mit der feinen Feile. Da die Laffe recht gerade und flach ist, nimmt das Schleifen des Griffes den Großteil der Arbeit in Anspruch. Wichtig ist, dass der Löffel gut in der Hand liegt. Schleifen Sie ihn zum Schluss mit Schleifpapier Körnung 150.

SCHRITT 05

Tauchen Sie den Griff in Farbe und hängen Sie den Löffel zum vollständigen Trocknen mit einer Vielzweckklammer auf eine Leine. Wir verwendeten Leinölfarbe, da sie frei von Chemikalien ist.

Die Löffelidee ist sehr simpel. Das Besondere daran ist, dass jeder Löffel zu einem Unikat mit eigener Persönlichkeit und eigenem Charakter wird – fast fühlt es sich an, als spiele man mit Puppen. Wer etwas experimentierfreudiger ist, kann mittig in die Laffe ein Loch bohren, und wird der Löffel dann noch mit feinem Schleifpapier geglättet, ist ein weiteres perfektes Küchenutensil für die Sammlung entstanden.

„LIEBEN UND BENUTZEN SIE, WAS SIE BESITZEN. AUS EINEM VERGESSENEN ALTEN HOLZREST KANN DAS WERTVOLLSTE PERSÖNLICHE DESIGNERSTÜCK WERDEN."

WÄSCHEKORB

WERKZEUG UND MATERIAL

- feine 240-mm-Japansäge
- Geodreieck
- Holzleim
- Stecheisen
- Bohrer mit 8-mm-Bohreinsatz
- 30 cm lange Lederbänder, 8 Stck.
- 8 Messing-Lochnieten
- Hammer
- Gehrungslade
- Wäschesack (aus Leinen, Sackleinen oder Jute)
- Schraubzwinge

Außerdem:

- Schleifpapier, Körnung 150
- Bleistift
- Zirkel
- Messschieber

HOLZ

- 3 × 3 cm breite Eichenholzleisten in folgenden Längen:
  4 × 70 cm
  4 × 40 cm
  4 × 45 cm
  4 × 78 cm

WIR HABEN EINE GROSSE SCHWÄCHE FÜR ALTES handgewebtes Leinen und Jutestoffe und ergattern sie gerne bei unseren vielen Flohmarktbesuchen. Mit Andreas Hilfe konnte ich schließlich eine Verwendung für die Stoffe finden: Ich bat ihn, mir eine einfache Halterung für einzelne Teile meiner Stoffkollektion zu entwerfen. So baute er diese Holzkonstruktion als Gestell für einen Sack, in dem man Wäsche oder auch anderes aufbewahren kann.

SCHRITT 01

Besorgen Sie sich einen geeigneten Sack auf dem Flohmarkt. Messen Sie den Boden, die Breite und die Länge des Sacks, damit Sie die Maße des Holzgestells darauf abstimmen können.

SCHRITT 02

Schneiden Sie die Holzleisten entsprechend zu. Für unser Gestell haben wir vier 70 cm, vier 40 cm, vier 45 cm und vier 78 cm lange Leisten zugeschnitten. Reißen Sie mit Bleistift und Meterstab an, wo sich die gedübelten Bügelzapfeneckverbindungen befinden werden. Sägen Sie mithilfe der Gehrungslade mit der Japansäge rechte Winkel und Linien für die dreiteiligen Eckverbindungen (siehe „Andreas Spezialtechnik", Seite 28) und die diagonalen Streben.

SCHRITT 03

Arbeiten Sie zum Schluss jedes Teil mit Hammer und Stecheisen nach, damit saubere Ecken entstehen.

„WIR LIEBEN DEN KONTRAST ZWISCHEN ALT UND NEU, SCHLICHT UND LUXURIÖS, TRADITIONELL UND MODERN. MIT DER MISCHUNG VON GEGENSÄTZLICHEM KANN JEDER ETWAS ANFANGEN – UNGEACHTET DES PERSÖNLICHEN GESCHMACKS."

SCHRITT 04

Verbinden Sie die drei Teile wie auf Seite 28 im Abschnitt „Andreas Spezialtechnik“ beschrieben – sie müssen eine genaue Passung haben. Verleimen Sie die vier diagonalen Streben mit Holzleim.

SCHRITT 05

Befestigen Sie den Sack mit acht runden Messing-Lochnieten und acht Lederbändern – jeweils zwei auf einer Seite – am Gestell.

Zugegebenermaßen sieht diese Konstruktion einfach aus, doch im Grunde ist sie etwas knifflig. Wir nennen die gedübelte Bügelzapfeneckverbindung kurz „Andreas Spezialtechnik“ (siehe Seite 28).

„ANDREA IST DER HANDWERKER UND ICH BIN DER NORDISCHE EINFLUSS. UNSERE ARBEITEN SIND DIE VERMÄHLUNG ALTHERGEBRACHTER HANDWERKSTRADITIONEN UND MODERNER ZEITGENÖSSISCHER FUNKTIONALITÄT.“

WETTERFAHNE

WERKZEUG UND MATERIAL

- 2 x 4-mm-Schrauben, 4 cm lang
- Stecheisen
- elektrische Handbohrmaschine mit 4-mm-Bohreinsatz
- Holzfeile
- elektrischer Exzenterschleifer mit Schleifpapier, Körnung 80 und 150 (oder schleifen Sie von Hand)
- 4 Ringe, ø 4 mm
- Fuchsschwanz

Außerdem:

- Stichsäge
- Holzhobel
- Schraubzwinge
- Hammer
- Schraubendreher
- Bleistift
- Meterstab

HOLZ

- jede Art Laubholz wie Olive, Eiche oder Lärche. Andrea hat eine alte Palette verwendet.
- Rundstab

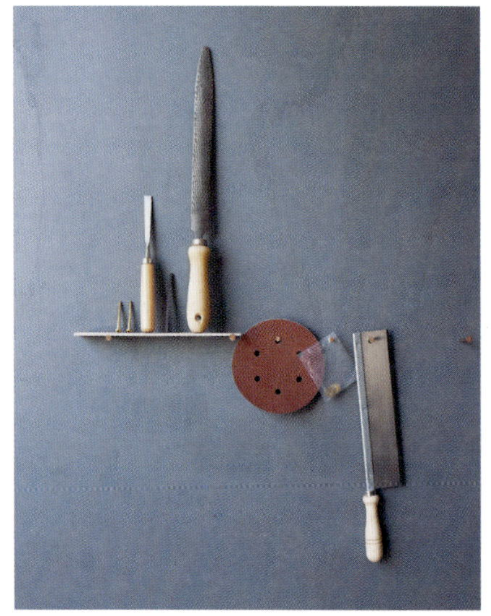

DIESE WETTERFAHNE IST EINEM FLUGZEUG NACHEMPFUNDEN und aus recyceltem Holz gebaut. Sie hat einen großen Propeller, der sich (ungelogen) mit der Windrichtung dreht. Eine ähnliche alte Wetterfahne haben wir auf dem niedrigen Dach eines Sitzplatzes im Freien. Glorias Opa Leandro hat sie gebaut. Die Inspirationsquelle dafür ist ein Spielzeug, an das er sich noch aus seiner eigenen Kindheit erinnert. An ihr können wir immer ablesen, in welche Richtung der Wind weht und, was noch wichtiger ist, aus welcher Richtung er kommt.

SCHRITT 01

Zeichnen Sie die Konturen der Elemente auf das Holz – der Rumpf ist etwa 30 × 10 cm groß, der Propeller 35 × 6 cm. Schneiden Sie die Formen mit der Stichsäge zu.

SCHRITT 02

Spannen Sie den Propeller in die Schraubzwinge, legen Sie mit Hammer und Stecheisen das Quadrat in der Mitte frei und schleifen Sie es ab. Hobeln Sie jeweils an der der Längsseite gegenüberliegenden Seite ein Drittel der Propellerstärke weg. Das ist nötig, damit sich der Propeller mit dem Wind dreht! Die Stärke der Heckflosse wird beidseitig um ein Viertel weggehobelt.

SCHRITT 03

Schleifen Sie sämtliche Oberflächen und Kanten zunächst mit Schleifpapier Körnung 80 und dann mit Körnung 150, bis sie schön abgerundet und glatt sind. Bohren Sie ein kleines Loch mittig durch den Propeller, das ist die Flugzeugnase.

SCHRITT 04

Schrauben Sie den Propeller vorne auf das Flugzeug. Bringen Sie das Flugzeug mithilfe eines Holzstabs in die Balance, ehe Sie ein Loch mittig in die Flugzeugunterkante bohren. Schrauben Sie es auf einen dünnen Rundstab, und fertig ist die Wetterfahne.

Manchmal sind es die kleinen Dinge, die den Unterschied machen. Wenn kein Wind herrscht, kann Gloria viel Zeit damit zubringen, unsere Wetterfahne zu inspizieren und zu studieren. Sie befindet sich auf einem niedrigen Dach gleich neben dem Klettergerüst. Gloria reicht fast an sie heran und pustet mit Vergnügen den Propeller an, bis er herumwirbelt. Es wird ein unglaublicher Tag sein, wenn sie groß genug ist und ihrem Vater dabei hilft, ihre eigenen Wetterfahnen zu bauen, die sie dann verschenkt. Ich bin schon gespannt, wie viele Schulfreunde eine zum Geburtstag bekommen werden.

„IN ALL UNSEREN ENTWÜRFEN STECKT HERZBLUT UND ALLE HABEN EINE GESCHICHTE. VIELLEICHT IST DAS EIN TEIL UNSERES ERFOLGS."

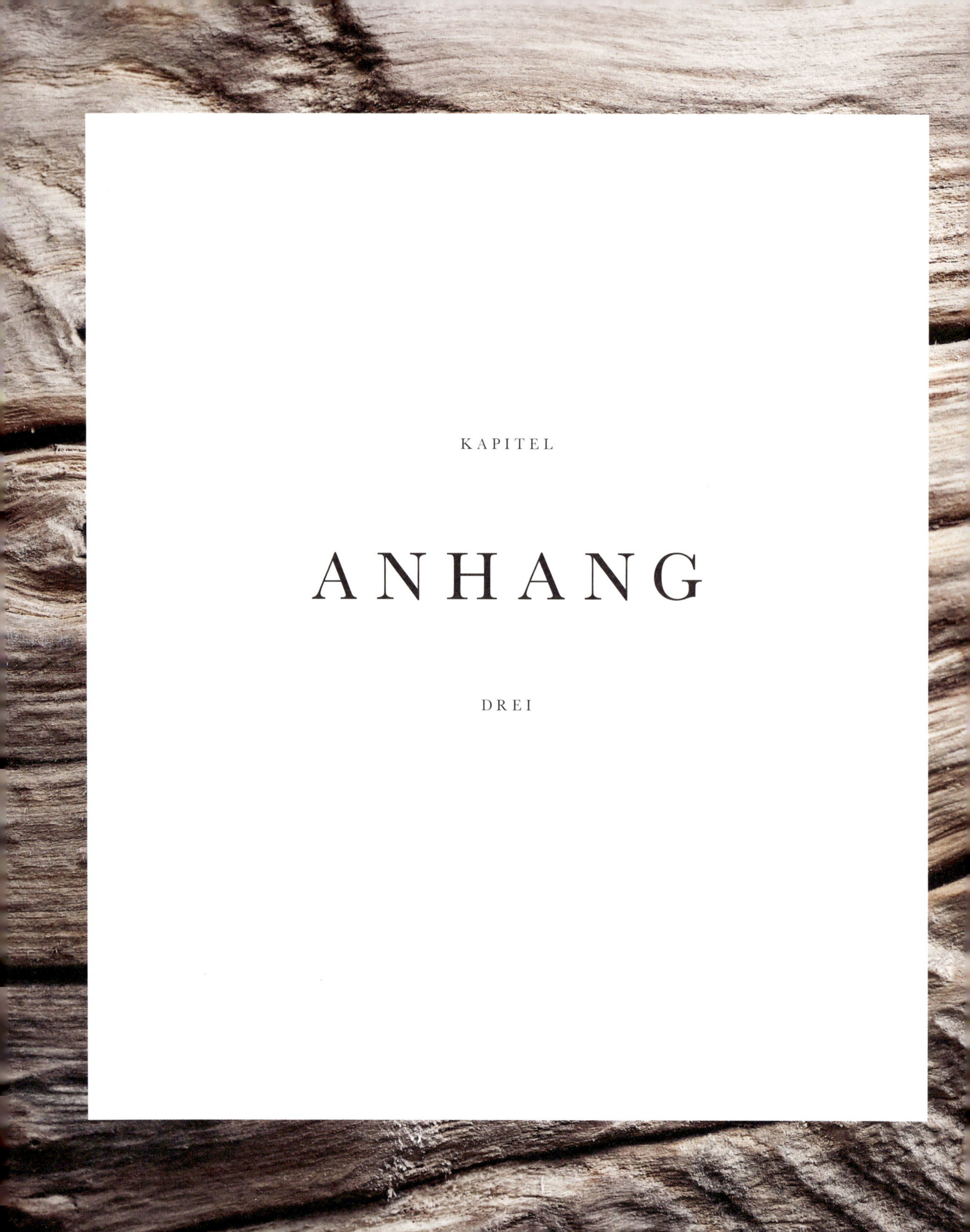

KAPITEL

ANHANG

DREI

BEZUGSQUELLEN

FACHHÄNDLER FÜR KÜNSTLER- UND KUNSTHAND-WERKSBEDARF

Gerstäcker
Deutschland: www.gerstaecker.de
Schweiz: www.gerstaecker.ch
Österreich: www.gerstaecker.at

Boesner
www.boesner.com

DEUTSCHLAND

GERÄTE

Dieter Schmid Feine Werkzeuge GmbH
Wilhelm-von-Siemens-Str. 23
12277 Berlin
www.feinewerkzeuge.de

Rickert Werkzeug
Neunkirchener Strasse 56
91207 Lauf an der Pegnitz
www.rickert-werkzeug.de

Schreinerhandel HP GmbH
84089 Aiglsbach
Haslachweg 3
www.schreinerhandel.de

Toolineo GmbH & Co. KG
EDE Platz 1
42389 Wuppertal
www.toolineo.de

HOLZ

Thomas Knapp Historische Baustoffe GmbH
Am Bahnhof 1
37627 Deensen
www.knapp-online.de

Gerstmayer Altholz e. K.
An der Eisenschmelze 16
87527 Sonthofen
www.altholz-allgaeu.de

LEDER

Leder Baumann
Herzog-Wilhelm-Str. 27
80331 München
www.leder-baumann.de

Lederhandlung Flach
Sternstr. 19/Hof
24103 Kiel
www.leder-flach.de

Lederhaus Giese und Brum GmbH
Sonnenwall 69–70
47051 Duisburg
www.lederhaus.de

SCHWEIZ

GERÄTE

Coop Bau+Hobby
Industriestr. 17
Postfach
4612 Wangen b. Olten
www.bauundhobby.ch

Joggi AG
Friedhofweg 4
3280 Murten/Morat
www.joggi.ch

HOLZ

Wiederverwerkle
Upcycling & Restholzbörse
Grenzstrasse 9
8406 Winterthur
www.wiederverwerkle.ch

Atlas Holz AG
Fährhüttenstrasse 1
9477 Trübbach
www.atlasholz.ch/altholz/

LEDER

Räber Leder AG
Seebodenstr. 4
6403 Küssnacht
www.leder.ch

Ryffel Felle + Leder AG
Birmensdorferstr. 13
8004 Zürich
www.ryffel-felle.ch

Höltschi-Lederhandel AG
Sonnentalstr. 5
8600 Dübendorf
www.hoeltschi-leder.ch

ÖSTERREICH

GERÄTE

Maschinen Gärtner e.U.
Wiesenhofweg 18
8142 Wundschuh
www.maschinen-gaertner.at

Neureiter Ludwig e.U.
Gewerbegebiet Brennhoflehen
Kellau 167
5431 Kuchl
www.neureiter-shop.at

Holzprofi Pichlmann GmbH
Watzing 2
4661 Roitham
www.holzprofi.de

HOLZ

Brenners-Altholz
Furkern 15
5141 Moosdorf
www.brenners-altholz.at

Fichtner-Holz GmbH
Grünbach 8
4623 Gunskirchen
www.der-altholz-spezialist.at

LEDER

Leder H. Schuster
Schmiedgasse 19
8010 Graz
www.lederschuster.at

Helmut Kraemer GmbH
Laxenburgerstr. 105
1100 Wien
www.lederkraemer.at

WEITERE QUELLEN FÜR ALTE BAUSTOFFE IN EUROPA

Genbyg.dk A/S
Amager Landevej 185
2770 Kastrup
Denmark
www.genbyg.dk

Bois Antique
Parc de l'Alliance
Boulevard de France Nr. 9A
1420 Braine l'Alleud
Belgium
www.boisantique.eu/en/

DANK

CHRISTINE UND DITTE
Wir sind Euch zu größter Dankbarkeit verpflichtet. Ihr habt uns von Anfang an begleitet und wir fühlen uns geehrt und sind dankbar, dass Ihr auch unser erstes Buchprojekt betreut habt. Christine – ohne Dich gäbe es dieses Buch nicht. Danke für Deine Inspiration, Dein Auge fürs Detail, Deine Hartnäckigkeit und Deine Liebenswürdigkeit. Ditte, wir sind von Deinen Fotos immer noch stark beeindruckt. Ihr beide seid und bleibt unser Dreamteam.

CHRISTIAN VANG UND WERKSTETTE.DK
Danke für die guten Korrekturen und Eure Unterstützung.

LICIA UND LEANDRO BRUGI
Danke, dass Ihr Euch um Gloria gekümmert habt, während wir an diesem Buch arbeiteten. Licia, Danke für das köstliche Essen, dass Du uns während der Fotoshootings gekocht und serviert hast. Ohne Eure Unterstützung und Liebe hätten wir uns nie auf diese Reise begeben können. Wir lieben Euch.

ALMUDENA GOTOR (Instagram: almudena_gotor) UND JANAKI LARSEN (www.atelierstgeorge.com/collections/ceramique)
Dank an Euch beide für Eure wunderschöne Keramik.

CHRISTINE RUDOLPH (www.christinerudolph.com)
Danke für die wunderschönen handgefertigten Messingkleiderbügel.

EIN BESONDERES DANKESCHÖN FÜR DIE BESONDEREN LOCATIONS:

CHRISTINE RUDOLPH (www.christinerudolph.com) mit ihrem wunderschönen Haus in Montemerano

GIULIANO BARGAGLI mit seinem Sägewerk in Scansano Via Del Camparello, 58054 Scansano (Gr), Toskana

SATURNIA TRAVERTINI ITALIA SRL
(www.saturniatravertini.com)
Loc. Pianctti di Montemerano, 58014 Manciano (Gr) T + 39 0564 1836712